环保公益性行业科研专项经费项目系列丛书

农村生活垃圾小型焚烧现状调查与分析

岑超平　陈雄波　方　平等　著

科学出版社

北　京

内 容 简 介

本书汇集了国家环保公益性行业科研专项"农村垃圾焚烧污染控制与监管技术研究"的调研成果,对我国农村生活垃圾小型焚烧的现状、技术发展现状及环境监管现状进行了系统的调查和总结,分析了典型的、先进的案例,并介绍发达国家农村生活垃圾处理及监管情况,以期更科学地推动农村生活垃圾小型焚烧技术的进步及其监管工作。

本书可供环境管理人员、环境工程从业人员、垃圾治理相关工作人员参考使用,也可供环境科学、环境工程等专业的师生阅读。

图书在版编目(CIP)数据

农村生活垃圾小型焚烧现状调查与分析/岑超平等著. 一北京:科学出版社,2020.6

(环保公益性行业科研专项经费项目系列丛书)

ISBN 978-7-03-065535-6

I. ①农… II. ①岑… III. ①农村－生活废物－垃圾焚化－研究－中国 IV. ①X799.305

中国版本图书馆 CIP 数据核字(2020)第 104356 号

责任编辑:郭勇斌 彭婧煜 肖 雷/责任校对:杜子昂
责任印制:张 伟/封面设计:无极书装

科 学 出 版 社 出版

北京东黄城根北街16号
邮政编码:100717
http://www.sciencep.com

北京凌奇印刷有限责任公司 印刷

科学出版社发行 各地新华书店经销

＊

2020 年 6 月第 一 版 开本:720×1000 1/16
2021 年 3 月第二次印刷 印张:12 1/2
字数:237 000

定价:89.00 元

(如有印装质量问题,我社负责调换)

"环保公益性行业科研专项经费项目系列丛书"
编著委员会

顾　问：黄润秋

组　长：邹首民

副组长：王开宇

成　员：禹　军　　陈　胜　　刘海波

本书编委会

主　　编：岑超平

副主编：陈雄波　方　平　韩　琪

编　　委：（以姓氏汉语拼音为序）

陆　鹏　唐志雄　唐子君　陶　俊

"环保公益性行业科研专项经费项目系列丛书"
序　言

　　目前，全球性和区域性环境问题不断加剧，已经成为限制各国经济社会发展的主要因素，解决环境问题的需求十分迫切。环境问题也是我国经济社会发展面临的困难之一，特别是在我国快速工业化、城镇化进程中，这个问题变得更加突出。党中央、国务院高度重视环境保护工作，积极推动我国生态文明建设进程。党的十八大以来，按照"五位一体"总体布局、"四个全面"战略布局以及"五大发展"理念，党中央、国务院把生态文明建设和环境保护摆在更加重要的战略地位，先后出台了《环境保护法》《关于加快推进生态文明建设的意见》《生态文明体制改革总体方案》《大气污染防治行动计划》《水污染防治行动计划》《土壤污染防治行动计划》等一批法律法规和政策文件，我国环境治理力度前所未有，环境保护工作和生态文明建设的进程明显加快，环境质量有所改善。

　　在党中央、国务院的坚强领导下，环境问题全社会共治的局面正在逐步形成，环境管理正在走向系统化、科学化、法治化、精细化和信息化。科技是解决环境问题的利器，科技创新和科技进步是提升环境管理系统化、科学化、法治化、精细化和信息化的基础，必须加快建立持续改善环境质量的科技支撑体系，加快建立科学有效防控人群健康和环境风险的科技基础体系，建立开拓进取、充满活力的环保科技创新体系。

　　"十一五"以来，中央财政加大对环保科技的投入，先后启动实施水体污染控制与治理科技重大专项、清洁空气研究计划、蓝天科技工程专项等专项，同时设立了环保公益性行业科研专项。根据财政部、科技部的总体部署，环保公益性行业科研专项紧密围绕《国家中长期科学和技术发展规划纲要（2006—2020年）》《国家创新驱动发展战略纲要》《国家科技创新规划》和《国家环境保护科技发展规划》，立足环境管理中的科技需求，积极开展应急性、培育性、基础性科学研究。"十一五"以来，环境保护部（现生态环境部）组织实施了公益性行业科研专项项目 479 项，涉及大气、水、生态、土壤、固废、化学品、核与辐射等领域，共有包括中央级科研院所、高等院校、地方环保科研单位和企业等几百家单位参与，逐步形成了优势互补、团结协作、良性竞争、共同发展的环保科技"统一战线"。目前，专项取得了重要研究成果，已验收的项目中，共提交各类标准、技术规范 1362 项，各类政策建议与咨询报告 687 项，授权专利 720 项，出版专著 492 部，专项研究成果在各级环保部门中得到较好的应用，为解决我国环境问题和提升环境管理水平提供了重要的科技支撑。

为广泛共享环保公益性行业科研专项项目研究成果，及时总结项目组织管理经验，生态环境部科技标准司组织出版环保公益性行业科研专项经费项目系列丛书。该丛书汇集了一批专项研究的代表性成果，具有较强的学术性和实用性，可以说是环境领域不可多得的资料文献。丛书的组织出版，在科技管理上也是一次很好的尝试，我们希望通过这一尝试，能够进一步活跃环保科技的学术氛围，促进科技成果的转化与应用，不断提高环境治理能力现代化水平，为持续改善我国环境质量提供强有力的科技支撑。

中华人民共和国生态环境部部长

黄润秋

前　言

我国农村土地面积大、人口多，生活垃圾治理问题突出。目前，我国乡镇超过 3 万个，行政村超过 50 万个，每年农村生活垃圾产生量超过 1 亿吨。由于缺乏规范性管理，农村生活垃圾曾长期处于自由处置状态，随意倾倒、无序堆放、露天焚烧等现象非常普遍，严重破坏农村生态环境，甚至水源地、风景区也不能幸免，不仅成为"美丽中国"蓝图中新农村建设和实现我国城镇化战略的阻碍，而且直接威胁到饮用水的安全。

近年来，国家越来越重视农村生活垃圾的治理工作，相继出台了《国务院办公厅关于改善农村人居环境的指导意见》（国办发〔2014〕25 号）、《住房城乡建设部等部门关于全面推进农村垃圾治理的指导意见》（建村〔2015〕170 号）等针对性文件，指导各地"因地制宜"地开展农村生活垃圾治理工作。"村收集、乡（镇）转运、县（市）处理"是我国农村生活垃圾处理的主要模式，但在部分经济欠发达、县域面积大、交通不便、地质条件较差的农村地区或牧区，生活垃圾小型焚烧技术广泛存在并发展迅速，已成为局部农村地区生活垃圾处理的重要补充方式，但其整体技术水平仍然有待提升，其监管仍然明显滞后。在新形势下，我们迫切需要摸清农村生活垃圾小型焚烧的现状、技术发展现状及环境监管现状，分析典型的、先进的案例，以期更科学地推动农村生活垃圾小型焚烧技术的进步及其监管工作。

本书汇集了国家环保公益性行业科研专项"农村垃圾焚烧污染控制与监管技术研究"（编号：201509013）的调研成果，对我国农村生活垃圾小型焚烧现状做了系统总结，对典型案例做了深入分析，以供读者借鉴，也希望对相关从业人员及管理人员有所启发。

本书共分为 7 章，各章的编写分工如下：第 1 章由岑超平、陈雄波编写；第 2 章由岑超平、陈雄波、韩琪编写；第 3 章由陈雄波、岑超平、方平编写；第 4 章由陶俊、岑超平、韩琪、陈雄波、唐子君编写；第 5 章由唐志雄、韩琪、方平、岑超平编写；第 6 章由岑超平、陈雄波编写；第 7 章由岑超平、陈雄波编写。全书由岑超平、陈雄波统稿，由吴国增审核。

在本书编写及相关研究开展过程中，得到了生态环境部科技与财务司、大气环境司、水生态环境司，以及生态环境部华南环境科学研究所相关领导的悉心指导和支持。在本书相关调研过程中，得到了多个省（自治区、直辖市）有关部门及企业的大力支持和帮助。在本书部分章节的编写过程中，得到了浙江大学黄群星教授、中国环境科学研究院王洪昌博士等的帮助。在此向相关单位和人员表示衷心感谢！由于编者水平有限，书中疏漏和不妥之处在所难免，恳请广大读者批评指正。

编　者

2020 年 3 月

目　　录

第1章 农村生活垃圾的特征、危害与处理模式

1.1 农村生活垃圾的特征

人类活动过程中，不可避免地会产生垃圾。农村生活垃圾是指农村居民日常生活中或者为日常生活提供服务的活动中产生的固体废物。它具有多重特殊内涵，首先它是农村产生的而不是城市产生的，其次它是生活中产生的，而不是工业生产中产生的，此外它具有相对性，它只是针对原所有者而言的。我国农村生活垃圾在来源、赋存形式、产生量等方面具有鲜明的特点。

1.1.1 农村生活垃圾的来源

农村生活垃圾主要来源于以下方面[1, 2]。

1）餐饮来源：主要包括日常餐饮产生的过剩食材，包括变质丢弃食材，如剩饭菜等；加工丢弃食材，如菜叶、菜皮、菜梗、鸡蛋壳等；消费副食品产生的残余物，如果皮、果核等。

2）日常用品消费产生的包装和残余物来源：家庭生活所需物品的包装物，包括包装塑料袋、纸盒、玻璃瓶、易拉罐等；日常生活消费中产生的剩余物品，如烟头、过期药品、燃煤（柴）灰渣；日常生活因个人卫生所需，使用后丢弃的物品，包括纸尿裤、卫生巾、湿巾、卫生纸等。

3）生活用品淘汰来源：日常生活用品废旧、损坏、更新过程中淘汰下来的物品，包括旧衣物、废电池、废弃的小型电子产品、儿童玩具等，但不包括大型家具、家电以及其他大型电子产品等物品。

4）清扫来源：家庭室内、室外，以及村镇公共区域清扫产生的垃圾。

5）农业生产来源：农业生产过程中混入的少部分生产资料包装物（农用地膜、农药包装袋/瓶等）、作物秸秆、畜禽粪便、产业经济附属产品等。

1.1.2　农村生活垃圾的物理赋存形式

农村生活垃圾组分非常复杂,依经济性、资源性及危害性可分为:资源垃圾、可燃性垃圾、不可燃垃圾、不适燃垃圾、有害垃圾、巨大垃圾 6 类。按物理组成又可分为纸类、木竹类、塑胶类、落叶类等 18 类;也有按纸类、厨余类、灰土混合类、纺织类、橡塑类、木竹类、不可燃物类等分为 7 类的。

邱才娣、于晓勇等发现,由于在中国广大农村地区,工业和塑料制成品消费的增加[3,4],农村生活垃圾组成复杂,而且组分特征日趋城市化;同时由于农村居民生产与消费模式的变化,农村生活垃圾传统的循环途径日渐萎缩,如农户传统的庭院养殖规模萎缩,有机垃圾就地消纳的方式逐渐消失,也使农村生活垃圾中厨余垃圾含量增大;秸秆回田的减少和煤块燃料的普遍使用,也成为灰土等无机垃圾产生的主要来源;此外,电子产品的使用和淘汰,农村医保的兴起,农药的普遍使用也造成了电子废物、过期药品和农药瓶(袋)等有害垃圾在农村生活垃圾中频频出现[4]。

生活垃圾的物理赋存形式具有一定的地区差异。比如,藏族群众认为文字很高贵、神圣,所以青藏高原地区的生活垃圾中,报纸、书籍的含量较少,但藏民饮食中牛羊肉食占比较高,且天气寒冷,导致生活垃圾中牲畜骨头、皮毛、衣物较多。生活垃圾的赋存形式也存在季节差异,如在北方农村,冬春季取暖会产生大量的渣土。

1.1.3　农村生活垃圾的人均产生量

根据多位学者的研究结果,我国农村生活垃圾人均产生量为 0.034～3.000 kg/(人·d),平均值为 0.649 kg/(人·d),中值为 0.521 kg/(人·d)[2,5-7]。姚伟等基于 2006～2007 年开展的全国农村饮用水与环境卫生调查得出,中国农村生活垃圾人均产生量为 0.86 kg/(人·d),这成为后续估算中国农村生活垃圾产生量的主要依据[5]。

农村生活垃圾人均产生量的地区差异较大。韩智勇等[8,9]经统计分析发现,我国农村生活垃圾人均产生量总体上呈现北方高于南方,东部高于西部的特点,北方和东部经济较发达地区人均产生量最高,西南和西北经济欠发达地区人均产生量最低,这主要是受各地经济社会发展水平、燃料结构、生活习惯等因素的影响。

人均产生量高于 0.86 kg/(人·d) 的地区包括上海、天津、吉林、湖南、辽宁、山东、山西、河南、北京、河北、青海等；人均产生量介于 0.36~0.86 kg/(人·d)) 的地区包括福建、湖北、海南、浙江、重庆、广东、安徽、江苏、江西、广西、云南、黑龙江、四川等；人均产生量低于 0.36 kg/(人·d) 的地区包括陕西、甘肃、新疆、西藏、贵州等。

农村生活垃圾产生量会随着人口流动而发生显著变化。我国大部分农村地区外出务工人员较多，导致节假日和非节假日的垃圾产生量波动较大。此外，某些地处旅游区的农村，旅游季的垃圾产生量会明显增加，如青海湖景区在旅游季曾遭遇"垃圾围湖"的困境，近两年通过重点整治后，青海湖景区垃圾乱扔乱象才有所好转。

1.1.4 各地区农村生活垃圾特征

1. 西北地区

(1) 区域概况

西北地区深居内陆，大部分为温带大陆性气候和高寒气候，冬季严寒而干燥，夏季高温，降水稀少，地广人稀，经济发展结构主要以资源型工业和传统农业为主，西北的农村地区的农户收入来源主要是畜牧业和农业。

(2) 农村生活垃圾特征

西北地区气候干旱且降水少，农户会种植耐旱的农作物和瓜果，或发展畜牧业。以陕西华阴市为例，几个典型村镇的农村生活垃圾组分见表 1-1，所调查的村镇生活垃圾组分占比最大的是有机垃圾，主要来自农户的养殖业（以瓜果的种植为主），以及生活中的厨余垃圾，其次占比较大的是废品类。农村生活垃圾中渣土占比比其他地区大，主要是因为供暖工程没有覆盖全村范围，冬季需要燃煤取暖[10]。

表 1-1 陕西华阴市典型村镇的农村生活垃圾组分 （单位：%）

村名	有机垃圾	废品类					渣土	其他垃圾
		纸类	金属	塑料	玻璃	纺织物		
亭子村	57.78	13.83	0.15	9.41	2.97	1.85	13.80	0.21
西关村	54.65	14.92	0.29	8.75	3.65	2.57	14.91	0.26
城南村	56.43	15.33	0.21	9.04	3.25	1.95	13.57	0.22

续表

村名	有机垃圾	废品类					渣土	其他垃圾
		纸类	金属	塑料	玻璃	纺织物		
岭上村	69.13	7.82	0.13	8.85	2.33	1.15	10.31	0.28
桃西村	65.23	13.11	0.14	8.56	2.11	1.12	9.58	0.15

地区经济发展水平对生活垃圾产生量具有重要影响。文献[11]对我国西部地区农村生活垃圾的现状进行了调查，垃圾人均产生量如图 1-1 所示，陕西作为西北地区省份，农村生活垃圾的人均产生量相对不高，明显低于广西和四川的人均产生量，这可能与广西桂林是风景旅游区、四川人均收入较高有关，经济发展水平可能是影响农村生活垃圾产生量的一个主要因素；在垃圾特征上，陕西和其余西部各省（自治区）的厨余垃圾含量较高，均在38%以上，其次为渣土、塑料，同时，由于陕西为半干旱地区，农村生活垃圾含水率相对较低。

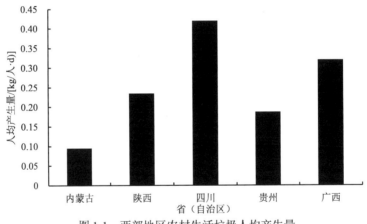

图 1-1   西部地区农村生活垃圾人均产生量

2. 西南地区

（1）区域概况

西南地区是目前我国农村贫困人口分布最集中的地方，地广人稀，从西北到东南的温度和降水差异大，受气温的限制，农作物和牧业体现耐寒特点，高原地区的人们通常饲养耐寒的牦牛和藏绵羊等，以农业作为主要经济来源。

（2）农村生活垃圾特征

西南地区农村生活垃圾组分总体上差异不大，如表 1-2 所示，西南地区农村生活垃圾中有机垃圾占比最高，所调查的 3 个地区平均值达 53.47%，主要是因为农村地区的家庭收入来源于农业，农户数量多，盆地地区有机垃圾主要以蔬菜瓜果和厨余垃圾为主，高原地区有机垃圾主要以牛羊的骨头和厨余垃圾为主[12]。

表 1-2   西南地区农村生活垃圾组分调查   （单位：%）

地区	有机垃圾	无机垃圾	可回收垃圾						其他垃圾
			纸类	橡塑	纺织物	木竹	玻璃	金属	
重庆	57.78	24.39	2.03	3.04	0.08	0	12.68	0	0
云南	55.07	15.91	8.37	8.28	0.37	9.26	1.55	0.10	1.09
四川	47.57	15.67	12.36	11.19	1.62	2.64	5.15	0.41	3.39

以四川的部分农村地区为例，农村生活垃圾来源主要是蔬菜瓜果和厨余垃圾，详见表 1-3，所调查的村镇中有机垃圾占比最大，其次是可回收垃圾[12]。

表 1-3   四川部分农村生活垃圾的组分分析   （单位：%）

地区	有机垃圾	无机垃圾	可回收垃圾	其他垃圾
彭州市某村	87.04	2.20	10.40	0.36
金堂县某村	67.04	10.18	20.99	1.79
双流区某村	78.69	0.84	20.46	0.01
仁寿县某村	60.93	3.98	34.55	0.54
资中县某村	72.04	9.14	18.05	0.77

西南地区的经济发展水平普遍低于其他地区，再加上受到不同的地形气候、生活和消费习惯影响，农村生活垃圾人均产生量低于其他地区。例如，重庆市农村生活垃圾人均产生量为 0.206～0.426 kg/(人·d)[13]，与国内其他地区相比，西南地区农村生活垃圾人均产生量低于北方沈阳农村[1.215 kg/(人·d)][14]和全国平均水平[0.86 kg/(人·d)]。

3. 东北地区

（1）区域概况

东北地区以山地和平原为主，纬度高，太阳照射角度小，冬季寒冷而漫长，家家户户需要燃烧大量的煤炭取暖。东北地区有着大面积的草原，为农林牧渔业的发展提供了良好的条件，也由于独特的地域条件和气候使得东北人民形成以肉食为主，瓜果蔬菜为辅的饮食习惯。

（2）农村生活垃圾特征

根据图 1-2，对比东北地区与全国农村生活垃圾组分可以得出以下结论[15]：东北地区农村生活垃圾中占比最大的是灰土（50.0%），其次是厨余垃圾（29.6%），主要原因是东北地区冬季极其寒冷，燃料结构主要是以煤炭为主，而燃烧大量的煤炭会产生煤灰；全国农村生活垃圾主要以厨余垃圾为主，占垃圾总量的43.6%，东北地区仅占比 29.6%，是由于东北的气候不宜瓜果蔬菜生长，致使当地居民以肉食为主，厨余垃圾大部分是由家禽、鱼的骨头组成，所以相较于全国厨余垃圾占比较少；垃圾产生的组分复杂，产生了难降解的有机物，如一次性塑料袋、化肥包装、废塑料瓶等橡塑。

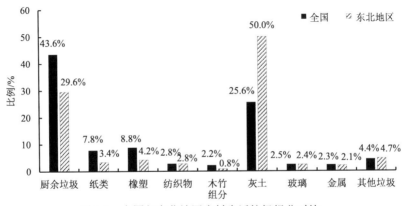

图 1-2　全国与东北地区农村生活垃圾组分对比

近年来，随着农村经济快速发展、农民生活水平不断提高，农村生活垃圾产生量不断增加。辽宁、吉林、黑龙江三省农村生活垃圾人均产生量变化幅度很大，其中，最大值为辽宁省 2.290 kg/(人·d)，最小值为黑龙江省 0.310 kg/(人·d)，东北三省平均值为 0.882 kg/(人·d)，若按均值估算，吉林省是黑龙江省的 3 倍。这是由于经济发展水平影响当地的消费结构，从而影响垃圾的产生率，辽宁省是东北地区经济发展速度最快的省份，因此消费水平相较于其他省份高，垃圾产生量大，统计数据如表 1-4 所示[15]。

表 1-4　东北三省农村生活垃圾人均产生量统计　　　[单位：kg/(人·d)]

省	均值	极小值	极大值
辽宁	1.042	0.660	2.290
吉林	1.210	1.170	1.250
黑龙江	0.394	0.310	0.460

农村生活垃圾的人均产生量可以在一定程度上反映该地区的经济发展水平，两者呈正相关关系。以辽宁省部分农村乡镇为例，通过抽样调查可发现，经济发展较快和经济发展较慢的地区会出现农村生活垃圾人均产生量相差悬殊的现象，农村生活垃圾人均产生量在 0.52～1.40 kg/(人·d)，生活垃圾人均产生量最多的是盘山县得胜镇得胜村 1.40 kg/(人·d)，最少的是抚顺县上马乡坎木村 0.52 kg/(人·d)，详见表 1-5[16]。

表 1-5 2014 年辽宁省农村生活垃圾抽样点生活垃圾产生量统计结果

乡镇村落	调查户数/户	调查人数/人	垃圾产生量/(kg/d)	人均产生量/[kg/(人·d)]	总人口数/人
抚顺县后安镇后安村	10	36	33.84	0.94	1935
抚顺县上马乡坎木村	10	33	17.16	0.52	983
新民市大民屯镇方巾牛村	10	39	40.56	1.04	2815
宽甸县虎山镇南岭外村	10	33	18.81	0.57	478
宽甸县虎山镇红石村	10	36	26.64	0.74	1232
宽甸县虎山镇虎山村	10	34	26.18	0.77	2858
昌图县昌图镇青羊村	10	33	17.82	0.54	2240
盘山县得胜镇得胜村	10	35	49.00	1.40	1945
盘山县得胜镇三棵村	10	35	42.00	1.20	1720
昌图县昌图镇二道沟村	10	37	20.35	0.55	2725

4. 华中地区

（1）区域概况

华中地区属于亚热带季风气候，日照时间长，降水充沛，使得当地人们种植水稻、玉米、油菜等农作物。华中地区几乎一年四季都要燃煤，原因其一是人口稠密加之用电量大，因此经常出现缺电现象，需要燃煤发电；其二是冬季寒冷，家家户户需要燃煤取暖。

（2）农村生活垃圾特征

华中地区大多数农村是农业型村镇，以湖北省典型村镇铁门岗乡茅瓦屋村为例展开调查。结果显示，农村生活垃圾中占比最大的是灰土类垃圾，占比42.96%，是由于受当地气候影响，人们燃料结构发生了变化；其次占比较大的是厨余垃圾，占比 18.44%，相较于其他地区，华中地区厨余垃圾占比低于其他地区平均值[17]。

华中地区冬季寒冷，需要燃煤取暖。以湖北省三峡库区的巴东县、兴山县、武陵区和秭归县为例，图 1-3 是湖北省三峡库区不同季节的农村生活垃圾人均产生量平均值[18]，从中可以看出受季节性因素影响，冬季农村生活垃圾人均产生量最高，主要是由于该地区冬季燃煤取暖导致的。

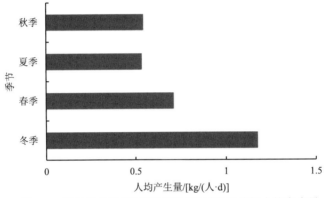

图 1-3　湖北省三峡库区不同季节农村生活垃圾人均产生量

5. 华南地区

（1）区域概况

华南地区属于亚热带季风气候和热带季风气候，夏季高温多雨、冬季温和少雨。华南地区人口稠密，大部分地区位于沿海，经济发展迅速，但地区经济发展不平衡，内陆和山区经济落后，农村地区以农业为主要收入来源。截至 2019 年，广东省乡村人口共 3295 万人，占总人口的 28.60%。

（2）农村生活垃圾特征

华南地区的农村生活垃圾产生量受各地的经济情况影响较大，以广东省为例，农村生活垃圾主要分为生活性垃圾和生产性垃圾两大类[19]。对于生活性垃圾，在调查的 256 个村中，每月共产生垃圾 22 706.09 t，其中以生活性垃圾为主，占比为 58.85%。全省平均每村每月农村生活垃圾总量为 88.70 t。从表 1-6 可知，广东省各个地区农村生活垃圾产生量差异较大，在调查区县中，珠江三角洲占有较大比例，其中东莞和中山的人均产生量排在前两位，揭阳和梅州的人均垃圾产生量最少。

表1-6　广东省各个地区农村生活垃圾来源情况

地区		垃圾总量/(t/月)	生产性垃圾/(t/月)	生活性垃圾/(t/月)	人均产生量/(kg/月)
珠江三角洲	东莞	4326.75	1921.74	2405.01	130.804
	广州	2090.70	922.56	1168.14	38.457
	肇庆	1059.00	344.10	714.90	46.301
	佛山	3019.35	1025.88	1993.47	57.789
	惠州	900.61	403.36	497.25	23.917
	江门	742.20	244.56	497.64	28.829
	中山	2312.10	784.50	1527.60	70.093
粤东	汕头	3130.50	720.30	2410.20	34.431
	揭阳	1116.00	691.35	424.65	7.615
	汕尾	754.40	672.60	81.80	35.193
	梅州	808.56	420.31	388.25	6.450
	河源	165.52	77.65	87.87	12.893
粤西	湛江	519.00	204.90	314.10	10.687
	茂名	168.46	114.46	54.00	35.396
	阳江	452.78	279.56	173.22	20.799
	云浮	349.65	237.00	112.65	38.623
粤北	韶关	373.51	153.01	220.50	21.470
	清远	417.00	125.10	291.90	20.470

对于生产性垃圾,主要包括种植业垃圾(如秸秆、地膜、农药化肥包装等)、养殖业垃圾(主要指畜禽粪便等)、工业垃圾、医疗垃圾和建筑垃圾,调查的256个村中,每月共产生生产性垃圾量为9342.94 t,占垃圾总量的41.15%,详见表1-7,从中可以得出以下结论:云浮、阳江、梅州、惠州和茂名农村地区种植业垃圾占比均在50%以上;东莞和佛山的农村地区生活垃圾主要以工业垃圾为主;汕尾、清远和江门的农村地区主要以养殖业垃圾为主。

表1-7　广东省各地区生产性垃圾来源情况　　　　　　(t/月)

地区		种植业垃圾	养殖业垃圾	工业垃圾	医疗垃圾	建筑垃圾
珠江三角洲	东莞	227.67	115.29	1185.54	67.83	325.41
	广州	318.96	228.96	196.55	67.94	110.15
	肇庆	246.60	61.50	6.00	0.30	29.70
	佛山	138.93	100.50	490.95	24.72	270.78
	惠州	237.90	117.90	46.50	0.83	0.23
	江门	95.55	104.72	21.99	3.34	18.96
	中山	230.40	87.60	330.60	6.60	129.30

续表

地区		种植业垃圾	养殖业垃圾	工业垃圾	医疗垃圾	建筑垃圾
粤东	汕头	160.05	172.50	163.65	79.50	144.60
	揭阳	273.75	98.10	199.32	31.11	89.07
	汕尾	272.70	301.71	51.48	23.13	23.58
	梅州	254.00	85.66	19.55	1.23	59.87
	河源	14.40	6.36	8.10	43.75	5.04
粤西	湛江	59.85	66.90	28.80	20.52	28.83
	茂名	77.70	16.50	0.83	1.43	18.00
	阳江	199.95	34.72	0.38	24.14	20.37
	云浮	176.10	23.10	0.00	20.55	17.25
粤北	韶关	58.58	27.00	19.65	12.08	35.70
	清远	27.93	55.83	7.32	19.89	14.13

6. 华北地区

（1）区域概况

华北地区属于温带季风气候，夏季高温多雨，冬季寒冷干燥。全年降水少，加之降水年际变化大，主要集中在夏季，春季蒸发旺盛，易出现春旱。华北地区西部是黄土高原，东部是华北平原，平原地区土质深厚，种植大面积的小麦、玉米、高粱和棉花。

（2）农村生活垃圾特征

华北地区是我国小麦、杂粮的集中种植区域，华北的农村地区正在积极建设生态型农村，以天津市西青区辛口镇水高庄村为例，全村耕地面积 666.7 hm², 共有农产 1772 户，农民经济收入来源以非农业务工和蔬菜种植为主。由表 1-8 可知，农村生活垃圾中以可堆腐物为主，尤其是秋季占比最大，达 81.28%，其次是可回收垃圾。由于华北地区冬季寒冷干燥也需要适当地燃煤取暖，冬季和春季会有渣土产生[20]。

表 1-8　天津市西青区辛口镇水高庄村的农村生活垃圾组分 　（单位：%）

季节	可堆腐物	可回收垃圾	橡胶	陶瓷、建筑垃圾	渣土	有毒有害垃圾
春季	71.94	17.78	0.28	6.77	2.82	0.41
夏季	77.43	14.97	0.00	7.50	0.00	0.10
秋季	81.28	15.44	0.05	2.08	0.00	1.15
冬季	68.44	20.85	0.97	0.64	8.93	0.17

图 1-4 的调查结果表明：河北省农村生活垃圾人均产生量介于 0.38～1.19 kg/(人·d)，平均值在 0.78kg/(人·d)，略低于全国农村生活垃圾人均产生量的平均水平[0.86 kg/(人·d)]，这与当地的经济发展水平有关。

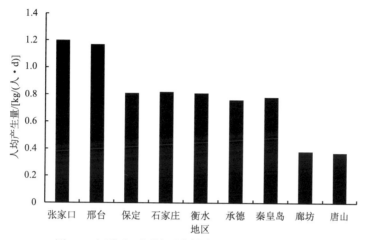

图 1-4　河北省不同地区农村生活垃圾人均产生量[21]

从图 1-5 可以看出河北省的农村生活垃圾人均产生量受季节的影响较大，这是由于华北地区的农村大多以种植业为主。7～10 月是垃圾人均产生量较高的月份，这是由于夏季人们对瓜果蔬菜的消费需求旺盛，在 10 月的农忙时节会存在大量的玉米、高粱等农作物秸秆；此外在春节期间，大量的外出务工人员返乡，也会产生较多垃圾[21]。

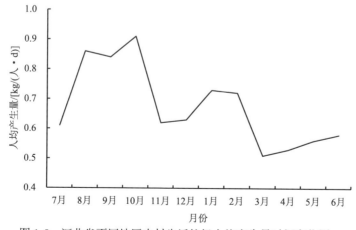

图 1-5　河北省不同地区农村生活垃圾人均产生量时间变化图

7. 华东地区

（1）区域概况

华东地区属于亚热带季风气候，全年气候温和湿润，雨量充沛，非常适宜发展农林牧渔业，其中浙江被称为"鱼米之乡"，该区域沿海，交通发达，人口稠密，经济发展快速，农村也在加快城镇化的步伐。

（2）农村生活垃圾特征

根据华东地区部分村镇农村生活垃圾的周年调查结果（表1-9）可知[7,22-25]，随着农村经济的发展和城镇化进程加快，农村生活垃圾的组分较为复杂，有机垃圾（剩余饭菜等易腐食物类、树枝花草等可堆肥的物质）占比最多，均值达到53.62%，其次是废品类，均值为29.13%，砖瓦陶瓷及灰土占比16.80%，占比最少的是有害垃圾（电池、废油漆、医用垃圾等对人体健康有害的垃圾），均值为0.45%。表明农村生活垃圾主要成分是可降解的有机垃圾，属于可燃性垃圾类。

表1-9　华东地区部分村镇农村生活垃圾组分　　　　（单位：%）

地区	有机垃圾	砖瓦陶瓷及灰土	有害垃圾	废品类
浙江莲都联城镇	53.36	22.83	0.78	23.03
浙江莲都碧湖镇	53.33	17.24	0.44	28.99
江苏镇江农村	66.10	1.90	0.00	32.00
江苏南京高淳县	54.96	14.24	0.34	30.46
江苏宜兴大浦镇	42.50	37.30	0.50	19.70
山东青岛无锡	53.70	17.20	0.60	28.50
山东青岛南通	49.40	29.10	0.50	21.00
山东青岛张家港	50.00	11.00	0.60	38.40
上海农村	59.20	0.40	0.30	40.10
均值	53.62	16.80	0.45	29.13

注：表中将垃圾组分中的纸类、橡塑、纺织物、木竹、玻璃、金属归为了废品类，但其中部分物质实际为不可回收物

农村生活垃圾人均产生量随季节不同会有不同的变化幅度，每年的夏季都是瓜果蔬菜的消费旺季，农民消费量大，但由于高温炎热容易造成食品腐烂从而产生大量有机垃圾。冬季各农户产生的生活垃圾趋于稳定，没有夏季波动的

幅度大。以江苏南京市高淳区为例[7]，调查区域人均产生量各月份波动为 0.318～0.527 kg/(人·d)（图 1-6），日产生量为 98.6～163.6 kg/d（图 1-6）。

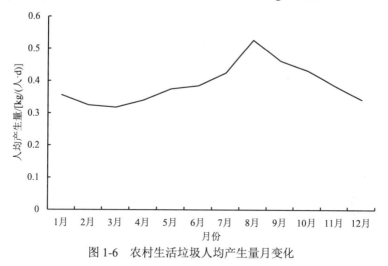

图 1-6　农村生活垃圾人均产生量月变化

综上，农村生活垃圾组分和垃圾人均产生量受经济水平、产业结构、季节因素、燃料结构和家庭收入的影响呈现不同的特征。南方地区有机垃圾占比高于北方地区，可回收垃圾含量呈由南向北递减的趋势。而西北及东北地区冬季严寒，需要大量的烧煤，因此北方地区的垃圾中煤渣较多，其次是厨余类垃圾。我国农村生活垃圾人均产生量呈现一定的区域差异性，北方垃圾人均产生量高于南方，东部垃圾人均产生量高于西部，垃圾人均产生量除了受当地经济发展水平影响外还呈现规律性的季节变化，夏季和秋季处于农忙时节，会产生大量的玉米、高粱等农作物秸秆，因此垃圾人均产生量大。

1.2　农村生活垃圾的危害

农村生活垃圾随意堆放或处理处置不当时，不仅会破坏农村的清洁环境，而且会滋生多种病原微生物和蚊蝇，其含有的有毒有害成分可能进入地下水、土壤、大气中，对环境及人体健康造成损害。

1.2.1　影响农村环境清洁

由于长期以来农村生活垃圾处于自由处置状态，农村环境受到了极大破坏。

2008 年前，随意丢弃的垃圾随处可见，无论是农村居民的房前屋后，还是路边、池塘、洼地、沟渠、河道，抑或是树枝上，到处都是垃圾。2008 年后，随着农村环境综合整治等工作的开展以及新农村建设工作的深入，农村生活垃圾清运率逐步提升，多地村容村貌明显改观。广西贺州市八步区莲塘镇炭冲村黄屋排自然村通过宣传教育、设立村规民约等方式，使村民树立爱好环境的良好观念，形成了房前屋后卫生实行三包，道路及公共部分由村中 6 位老人轮流义务保洁，村中规划保障由理事会管理的保洁制度，并且通过修建垃圾池、清理陈年垃圾、制作宣传牌、购置垃圾桶、举办培训班等具体措施，将全村改造成绿水青山的美丽乡村（图 1-7）。

图 1-7　广西贺州市八步区莲塘镇炭冲村黄屋排自然村

1.2.2　侵占土地、污染土壤

农村生活垃圾露天堆放在田间地头，侵占了大量的农田和土地，有些地方长期进行简易填埋，不仅占用了土地资源，也造成了土壤污染（图 1-8）。农村生活垃圾中的废电池、废弃农药瓶等含有重金属，容易对土壤造成难以修复的污染。

图 1-8 某地农村生活垃圾简易填埋

农村大量使用的农用地膜在自然环境中的光解和生物分解性均较差，农用地膜残留物在土壤中很难降解。每到秋收之后，农田里、地头上、水渠边随处可见农用地膜残留物。农用地膜残留物随意丢弃不仅影响农村的村容村貌，还形成了严重的污染，当土壤中农用地膜残留物过多时，耕作层土壤结构遭到破坏，土壤孔隙减少，土壤透气性和透水性降低，影响水分和营养物质在土壤中的传输，使微生物和土壤动物的活力受到抑制，同时，也将阻碍来年农作物种子发芽、出苗和根系生长，造成农作物减产。

此外，大量难降解的塑料袋等"白色垃圾"也会使土壤的透气性和透水性发生改变，从而影响农作物的生长。据推算，土壤中的"白色垃圾"可存在 200～400 年之久，从而破坏土壤原来良好的理化性状，阻碍肥料的均匀分布，影响植物根系生长[26]。

1.2.3 污染水环境

农村生活垃圾会随地表径流进入水体，或随着风落入水体，从而将有毒有害物质带入水体，污染饮用水源，危害人体健康。特别是一些经济落后的乡村还没有自来水供水系统，如果还以河流作为饮用水水源，很容易暴发大规模的传染病。农村生活垃圾产生的渗滤液危害更大，它会进入土壤使地下水受污染，或者通过地表径流到河流、湖泊和海洋，造成水资源的水质性短缺。农村生活垃圾不但含有大量的细菌和微生物，而且在堆放过程中会产生大量的酸碱性物质，从而使垃圾中的有毒有害重金属溶出，成为集有机物、重金属和微生物于一体的综合污染源。

　　农村生活垃圾所含的水分以及其在堆放过程中进入的雨水，会产生大量富含污染物的渗滤液，如果控制不当进入了周围的地表水或者浸入土壤，会造成严重污染。由于没有防渗处理，垃圾渗滤液直接流入地下水。加之农村居民在日常生活中对洗衣粉、塑料制品的依赖性高，洗涤用品、塑料制品的随意扔放等都会对水资源造成污染。而且，目前大部分农村地区对废弃物的回收率很低，对日常生活用品所造成的污染也就没办法得到根除[26]。

1.2.4　污染大气

　　农村生活垃圾中的细微颗粒、粉尘等随风飞扬，进入大气并能扩散到很远的地方。农村生活垃圾中有机物含量高，在合适的温度和湿度条件下还可发生生物降解，所释放沼气在一定程度上消耗了上层空气中的氧气，使植物衰败。农村生活垃圾中的有毒有害废物还可能发生化学反应产生有毒气体，扩散到大气中，据研究，仅有机挥发性气体就多达 100 多种，其中包括多种致癌物、致畸物。同时，我国农村地区素有露天焚烧生活垃圾的习惯，会造成大气污染。露天焚烧时，燃烧温度比规范化的垃圾焚烧低得多，不仅燃烧效率低、垃圾燃烧不彻底，而且会产生浓烈的黑烟以及包括二噁英在内的多种有毒气体。近年来，国家及各地有关部门发布多项法规条例，禁止农村露天焚烧垃圾[26, 27]，但仍未根治这一现象。

1.2.5　传播疾病

　　农村生活垃圾中所含的有毒物质和病原体，会滋生有害病菌及生物，通过各种渠道传播疾病，而且农村生活垃圾能为老鼠、鸟类及蚊蝇提供食物，以及栖息和繁殖的场所，所以也是传染疾病的根源，这严重影响环境卫生及危害人体健康。

　　农村生活垃圾中，常混杂着动物尸体，这些动物尸体很少会进行杀菌灭活处理，容易成为传染性疾病的传播源。

1.3　我国农村生活垃圾处理模式

1.3.1　总体情况

　　目前我国农村地区主要采取三种生活垃圾处理模式。

（1）城乡一体化垃圾处理模式

一般采取"村收集、乡（镇）转运、县（市）处理"的方式，最终将所有的农村生活垃圾全部集中到县一级设施处理处置。这一模式只能在江苏等少数沿海经济发达的平原地区全面推广，在大多数农村地区难以长效实施。这一模式采取的垃圾处理终端一般为大型垃圾焚烧发电厂或者卫生填埋场。

（2）片区处理模式

一般采取"村收村运、片区处理"的方式，将片区的垃圾集中一起处理。根据各地人口、交通、地形等差异，片区的范围可能是乡镇或者县市。这一模式正在很多地区推行，比如广西以乡镇为单位开展片区处理，青海地广人稀的农牧区以县市为单位开展片区处理。这一处理模式采取的垃圾处理终端一般为小型垃圾焚烧厂或简易填埋场，其中小型垃圾焚烧厂处理占比越来越高，处理能力一般为 10～50 t/d。

（3）村级就近就地处理模式

一般按照垃圾处理尽量不出村、垃圾肥料化、垃圾处理低成本和可持续的原则，通过"户分类、村收集、村处理"的方式处理生活垃圾。这一模式在村庄分布分散、经济欠发达、交通不便的部分农村地区推行，部分地区会建设小型垃圾焚烧设施，处理能力一般小于 10 t/d。

1.3.2　各地区农村生活垃圾处理模式差异

1. 西北地区

目前西北地区各省份的农村生活垃圾处理方式以卫生填埋为主，且各垃圾填埋场趋于饱和，普遍存在垃圾处理推广度低、处理模式单一、抗风险系数低等问题，同时缺乏相应的农村生活垃圾治理模式与体系。

以陕西省关中区域为例[28]，该区域农村生活垃圾仍为原始的混合收集、混合处置方式，村民自己设置垃圾堆，随地堆放，随意倾倒，以就近原则进行垃圾处理，主要倾倒地点为路边、河边、村边、田边等公共区域。其中可回收垃圾用于出售，不可回收垃圾大部分采取填埋、自然堆放及焚烧的方法进行处理。相关文献表明，陕西缺少垃圾集中分类处理服务，约 40% 村庄的垃圾以填埋的方式进行简易处理，这可能与该地区的黄土丘陵沟壑地形及交通不便利有关。

截至 2016 年底，新疆生产建设兵团第五师地区只有一个垃圾处理厂，农村生活垃圾大都进行直接处理，或一次转运后直接处理，很少进行二次转运，这主要受限于资金投入等因素，使得垃圾处理能力远远低于该地区垃圾处理需求[29]。农村生活垃圾采取的处理方式比较单一，多为垃圾的粗处理，进行垃圾简易填埋、露天焚烧或堆肥。

甘肃省于 2017 年 9 月通过了《甘肃省农村生活垃圾管理条例》，各县（区）开始将农村生活垃圾处理工作提上日程，根据实际情况采取"户分类、村收集、镇中转、县处理"和边远乡村"就地就近处理"等模式加强农村生活垃圾处理与处置，确保农村生活垃圾清运率达 80% 以上[30]。但到目前为止，该模式尚未在全省覆盖推广，垃圾回收相关优惠政策未出台，垃圾分类处理、利用体系尚未建立起来，资源化利用率低。

2. 西南地区

西南地区受地形地貌等自然环境因素的制约，地形复杂，村落相对较为分散，同时各区域的村落间经济发展水平不一，农村生活垃圾处理水平的完善程度不一，通常采取"因地制宜"的方式，根据各个村落之间的运输距离，采取相应措施进行农村生活垃圾的处理与处置。

云南省地处中国西南边陲，该区域以山区半山区为主要地形，经济发展水平滞后，村镇位置较为分散，只有极少数的村镇已建成运营或在建生活垃圾处理场。腾冲市作为云南省的旅游胜地，农村生活垃圾处理相对较为完善。以腾冲市农村生活垃圾处理为例，该区域主要采取的垃圾处理模式为：运输距离在 20 km 内的村庄，依托县城垃圾处理厂，乡镇配备收运设施；较分散的集镇建设分散式的小型焚烧炉、小型碳化热解炉等处理设施。但此类垃圾处理模式存在区域的局限性，同时受到经济发展和社会条件等因素的制约，并未在云南省得到广泛推广和实施，使得大部分农村生活垃圾仍处于无序处理状态，大都采取完全混合收集、混合处置方式，增加了垃圾资源化、减量化和无害化处理的难度[31]。

贵州省偏远山区受地形地貌的制约，地形复杂，交通不便，村寨的居住人口少，村寨与村寨之间距离远，村民的居住较为分散，无形中增大了垃圾集中处理的难度，提高了处理的成本。特别是近年来，由于废旧物品回收价格下跌，收购数量明显下降，导致塑料、废纸等可回收垃圾也面临着无法资源化利用的局面，垃圾大量增加，随意丢弃[32]。

四川省以山地为主，存在高原、山地、丘陵等不同地形地貌。对于地理条件差和经济欠发达的高原地区，采用垃圾就地处理法；对于盆地地区，以丹棱县为例，其探索出了"因地制宜、村民自治、项目管理、市场运作"的农村生活垃圾治理的新路子：一是因地制宜，合理布局；二是农户初分，源头减量，具体如图 1-9 所示：全村打破村民小组的界线，按"方便农民、大小适宜"的原则，以邻近的 3～15 户修建联户定点倾倒池；每 1～3 个组的中心位置联建一个分类减量池；村收集站建在能通行县压缩式垃圾车的村道旁，由县环保局直接转运处理[9]。

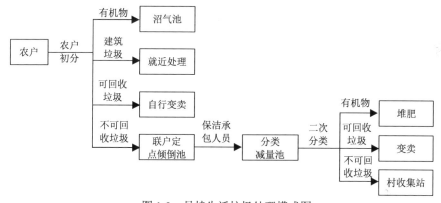

图 1-9 丹棱生活垃圾处理模式图

西南地区农村生活垃圾处理方式较为完善的重庆地带以江津区和巴南区的 4 个典型村庄为例[33]。该地带以山地丘陵为主要地形，有着大城市带大农村的特色，村镇与村镇之间的交通条件、距县级生活垃圾处理设施的距离及居民点的分散程度差异很大，对于农村生活垃圾的处理模式采取因地制宜寻求消纳垃圾的最佳方式。各区域村镇常常根据自身区域特征以及产生的生活垃圾的实际情况，采用城乡一体化收运处理模式、连片村镇集中式收运处理模式和分散式收运处理 3 种不同模式，具体如下。

①城乡一体化收运处理模式：适用于近郊区，视其距离区（县）垃圾处理场的远近，采取"户分类、村收集、镇转运、中型垃圾转运站、县集中处理"的城乡一体化收运处理模式。

②连片村镇集中式收运处理模式：适用于丘陵区与县级以上垃圾处理设施距离大于 50 km 的区域，该区域乡镇经济较为发达、交通较为便利、农村地区人口分布较为分散，相邻的村镇生活垃圾采用"户分类、村收集/村转运、多个村镇集

中式处理"的连片村镇集中式收运处理模式。

③分散式收运处理模式：适宜于三峡库区、渝东南的山区，该区域经济欠发达，交通不便，人口密度小，垃圾产生量少，采用"户分类、村收集、村集中处理"模式，将垃圾分类后填埋处置或资源化处理。

3. 东北地区

东北地区作为中国最北方区域，在农村生活垃圾治理方面存在着一定的制约条件，使得该地区对于垃圾的管理仅停留在末端治理，前端收集和分类工作远未到位，垃圾治理能力和治理水平远远落后于南方城市，对比而言，这些制约因素主要包括以下几个方面[16, 34]。

①气候因素：东北地区冬季气候寒冷干燥，使得日常废弃的农村生活垃圾在室外的低温下很容易堆积冻成一体，进而导致农村生活垃圾分类、收集及处理难度大幅度增加，目前的垃圾处理技术在该地区不宜直接大规模应用。

②地理特征：东北地区相较于我国其他省份，多为平原地带，地广人稀，这使得村庄分布广、间隔远，进而导致农村生活垃圾产生源不聚集，较为分散，收运难度相对较大，大大增加了垃圾转运的困难。

③垃圾特征：随着农村生产、生活方式的变化，农村生活垃圾的组分也日趋多样化，包装废弃物、一次性用品废弃物明显增加，难降解有机物质成分占很大的比例，尤其是冬季用于供暖的燃煤锅炉的大量运行，大大加大了农村生活垃圾的产生量。

④治理水平：东北地区农村经济发展不平衡，大部分农村没有垃圾处理专项资金，导致垃圾收集、转运、处理基础设施不完备，普遍缺乏专人管理垃圾分类与处置；同时垃圾无序堆放，没有固定的垃圾堆放处和专门的垃圾收集、运输、填埋处理单位，垃圾乱扔、乱堆的现象普遍存在。

黑龙江省农村垃圾主要来源于日常餐饮、生活废弃物及农业生产，垃圾处理模式相对简单，大部分地区垃圾随意乱倒，无序抛撒，形成了很严重的"垃圾围村"现象，而最终只是进行简单的焚烧或掩埋；只有少数地区在村民的生活区放置垃圾桶，由相关负责部门派专门人员进行定期处理[35]。总之，黑龙江省农村生活垃圾处理还是主要采用填埋、堆肥、焚烧等方法。

对于沈阳市，远郊农村生活垃圾基本可以保证公共区域有保洁人员收集垃圾，收集的垃圾堆放在村头的垃圾收储池中，但未进行无害化处理，除可回收垃圾外，其余大部分垃圾未进行简单分类而是直接混合丢弃，增加了运输成本和操作难度；近郊农村生活垃圾都归入城市垃圾一同处理，即"村收、镇运、市处理"模式，但给城市垃圾处理带来了压力，且农村生活垃圾管理成本远高于城市生活垃圾[36]。

4. 华中地区

华中地区经济高速发展，新型城镇化进程日新月异，在改善农村生态环境和农村生活垃圾治理工作中，取得了一定的成效。湖南、湖北和河南各区域在全国农村生活垃圾治理先进模式的带动下，垃圾治理工作走在全国前列，并在近年来探索出了属于自己的农村生活垃圾治理新模式，先后形成了多个美丽乡村建设示范县。

以湖南省宁乡市的生态化处理模式为例[37]，该市农村生活垃圾产生源分散，交通设施简陋，且该地区拥有较大的环境自净能力，农村生活垃圾采用多级处理模式，具体如下：

第一级——户处理，可回收垃圾、木竹类垃圾及厨余类有机垃圾，由农户自行处理，或作为废品进行回收，或作为生物质燃料利用，或采用堆肥技术处理，不仅能提高垃圾资源化利用率和减量化率，而且销售可回收垃圾可增加村民收入；

第二级——村组处理，灰土类、砖瓦陶瓷类垃圾，可作为村组道路、废坑填筑的填充材料，做到全部回收利用；

第三级——县处理，橡塑类、纺织类垃圾，无法由农户直接回收利用产生价值，交由县级垃圾填埋场进行统一处理；

第四级——市处理，废电池、过期药品等有害垃圾，经村收集、镇转运后，由专用车送到市级处理中心交由有资质的单位进行安全处置。

河南省作为农业大省，2008 年在全省县（区）建立了初级农村生活垃圾收集处理体系，2018 年省政府实施了"以民生为中心的农村垃圾处理工作计划"，进一步完善了全省 62 个县的垃圾处理系统。同时，河南省在不断学习过程中，探索出了具有本土特色的具有代表性的农村生活垃圾处理模式[38]。

（1）兰考模式

兰考县作为河南省垃圾分类资源化利用示范县，其垃圾分类处理的成功经验可以在全省予以推广，按照"群众参与分类、村庄实施分类、企业注资分类、政策支持分类"的治理模式，逐步实现农村生活垃圾分类收集、减量运输、资源处置的治理目标。

（2）南乐模式

南乐县在农村生活垃圾治理上坚持从源头上分类处理，大大减少了垃圾的清运量；全县建立起城乡一体化的指挥中心，实现了城乡垃圾收集运输、处理一体运作；此外，该县引进市场化机制尝试探索实施政府和社会资本合作（public-private partnership，PPP）模式，通过面向社会招标进行市场运作，形成由专业化队伍负责农村生活垃圾的收集、清运、处理，以及政府进行监管治理的城乡一体化格局。

（3）济源模式

济源市作为全国 100 个农村生活垃圾分类和资源化利用示范市，实现了农村生活垃圾从"一无是处"到"变废为宝"的奇迹。首先进行各户垃圾源头分类，将分类出的各种有机垃圾进行就地化和资源化处理，其次采取"村户收集、乡镇运输、城市集中"的垃圾收集治理机制，同时建立长期有效的监管机制，由政府设立奖惩政策，对农村环境卫生好的示范村给予资金和物质奖励，对治理情况反弹的村庄则进行批评惩罚，这使得当地农村生活垃圾治理问题取得了事半功倍的成效。

5. 华南地区

伴随着经济的快速发展，华南地区农村生活垃圾治理工作较早得到重视，为满足农村生活垃圾分类和治理工作的需求，采取了不同的垃圾处理模式，如城乡一体化垃圾处理模式、村屯就地垃圾处理模式、片区处理模式等，农村生活垃圾处理措施比较完善，并在区域内进行大范围推广。

比较典型的广西横县自 1999 年起就开始了农村生活垃圾治理工作，在垃圾分类、项目管理、资金筹措、大众参与等方面形成了自己的模式。截至 2014 年底，广西加大乡村建设资金力度，使得城乡生活垃圾处理呈现新局面，先后建立了垃圾无害化处理场、乡镇垃圾中转站、乡镇垃圾集中处理场，以及农村生活垃圾就近就地收集处理设施，初步建立起自己的处理模式[39]。

"户分类、组保洁、村收集、镇转运、县处理"的生活垃圾收运处理模式，对于距离县城较近的村镇进行推广，存在两种情况。

①村镇距离县垃圾处理设施较近，经济发展水平较高，生活垃圾成分复杂且环境卫生设施基础良好的地区，采取如下模式：将进行分类后的生活垃圾，投放到统一设置的垃圾收集点，收集后，直接运往县垃圾处理设施。

②村镇距离县垃圾处理设施较远，经济发展水平较高，生活垃圾成分复杂且环境卫生设施基础良好的地区，采取如下模式：生活垃圾由村镇居民进行分类后，投放至统一设置的垃圾收集点，然后由专人收集后运往压缩式垃圾中转站，再由镇最终运往县垃圾处理设施。

"户分类、组保洁、村收集、镇转运、集中处理"以及"户分类、组保洁、村处理"两种生活垃圾收运处理模式，对于距离县城较远的村镇进行推广，存在两种情况：

①村镇距离县垃圾处理设施较远，经济水平发展平缓，居民生活水平一般，生活垃圾成分简单，环卫设施基础薄弱的地区生活垃圾由村镇居民进行分类后，投放到统一设置的垃圾收集点中，由专人进行简单的分类回收工作，运往压缩式垃圾中转站，再由镇根据转运距离长短，决定是否采用二次转运模式，最终运往县垃圾处理设施；

②村镇距离县垃圾处理设施较远，交通相当不便利，地处丘陵、山区等地带，经济水平发展缓慢，居民生活水平不高，生活垃圾成分单一，环卫设施基础相对薄弱的地区可采用就地就近处理模式，对于无机垃圾，可以进行简易填埋处理；而对于有机垃圾，可进行农家堆肥处理。

2012～2018 年，广东省将农村生活垃圾治理工作纳入民生实事内，明确提出"一村一点、一镇一站、一县一场"的农村生活垃圾处理设施建设要求，并采取"户收集、村集中、镇转运、县处理"的农村生活垃圾治理模式，垃圾治理问题得到了明显的改善[40]。截至 2016 年，广东省农村生活垃圾有效处理率达 83%，村庄保洁覆盖面达 97%，广东省约 94%以上的村庄配备保洁员开展村庄保洁和垃圾收运工作。

6. 华北地区

华北地区在垃圾治理方面处于不断学习和完善的过程中，部分地区取得了较为显著的成果。早在 2014 年，部分地区改变了传统的"村收集、村处置"的模式，选用了"户分类、村收集、区转运处置"城乡一体化处理模式以及"户分类、村收集、企业转运处置"垃圾处理模式；在垃圾处置方式上，目前正推广 PPP 模式，鼓励专业化服务和社会化资金参与农村生活垃圾治理。

以石家庄农村生活垃圾收运处理模式为例[41]。

（1）村级自治模式

以井陉县为例，井陉县地处贫困山区，人口分散、交通不便、垃圾清理难，农村生活垃圾处理一般采用传统的处理方法和常规的"村收、镇运、县处置"方法相结合；处置方式一般选用卫生填埋和堆肥，在乡镇设立垃圾转运站，地处偏僻的山区在乡镇设立垃圾简易填埋场，在县级设立垃圾堆肥处置场。

（2）政府主导模式

以井陉矿区为例，矿区区域面积小，农村道路较为狭窄，村庄分布较为集中，垃圾处理一般采用"户分类、村清运、区转运处置"模式，先进行垃圾分类，随后村（社区）工作人员负责统一收集清运生活垃圾桶；处置方式为区转运处置，将农户的生活垃圾与垃圾填埋场直接联系起来，进行无害化处置，形成"标准垃圾桶+电动清运车+密闭压缩车"一条完整可循环的垃圾分类、收集、清运、处置链条。

（3）企业外包模式

以高邑县为例，区域为平原，县内建有垃圾填埋场，具备了农村生活垃圾终端处置能力，垃圾处理一般采用"户分类、村收集、企业转运、企业处置"模式，居民负责垃圾分类，保洁队伍对垃圾进行定期收集并集中清运到本村垃圾收集点，由企业将各村垃圾收集点的垃圾转运至各垃圾转运站进行压缩处置，并输送至县垃圾处置场，最终由企业处置。

山西省农村地区的生活垃圾多以有机垃圾为主，冬季以炉灰煤渣等无机垃圾为主，面对当地农村经济薄弱、基础条件差、环保意识低等现状，农村生活垃圾分类收集、分类处置治理模式在山西省农村地区暂时无法实行，同时建设卫生填埋场会造成大面积土地的占用和资金的短缺，目前山西省农村生活垃圾主要以"村收集、镇转运、县处理"的处理模式为主[42]。

内蒙古于2015年发布了《内蒙古自治区农村牧区垃圾治理实施方案》，要在源头上改变农村牧区的生活环境。政府高度重视农村生活垃圾治理工作，2016年要求各地按照"政府引导、市场主导、创新机制、完善制度、示范先行、整县推进、积极稳妥、注重实效"的原则，创新投资运营机制和模式，通过政府购买服务、PPP 模式等多种方式，推进农村生活垃圾污水治理市场领域改革。但目前存在的问题是源头治理非常少，需要建立垃圾管理的长效机制，引导牧民对垃圾进行正确的分类，内蒙古的农村生活垃圾治理工作一直在不断完善过程中[43]。

7. 华东地区

华东地区作为全国技术水平较高的经济区，尤其是经济水平较为发达的沿海城市，在农村生活垃圾处理问题上已经走在全国前列，处理模式较为先进且具有较强的创新性，尤其是浙江一带，农村生活垃圾处理效果较好，且成了全国学习的先进典例。

2017 年 6 月，住房和城乡建设部公布了全国首批百个农村生活垃圾分类和资源化利用示范点。在此阶段，浙江省金华市作为华东地区经济发达区域，以推行农村生活垃圾分类，营造清洁卫生的生活环境为目标，在传统的"村收集、乡（镇）转运、县（市）处理"基础上进行完善，探索出了农村生活垃圾"两次四分"的分类方法、"垃圾不落地"的转运方法、"阳光堆肥房就地资源化"的利用方法，形成了农民可接受、面上可推广、长期可持续的农村生活垃圾分类和资源化利用模式，具体如下[22, 44]。

"两次四分"的分类方法，指的是农户按能否腐烂为标准对垃圾进行初次分类，分成易腐烂和不易腐烂两类，由政府给农户发放两个垃圾桶进行分别投放；村保洁员在分类收集各户垃圾的基础上，进行再次分类，一方面，纠正农户分类中的错误，另一方面，对不易腐烂的垃圾再分可出售和不可出售两类。易腐烂的投入堆肥间堆肥，不易腐烂中可出售的投入临时存放间储存，而不易腐烂也不可出售的垃圾按"户集、村收、镇运、县处理"模式，经乡镇集中转运后由县（市、区）统一处理（图 1-10）。

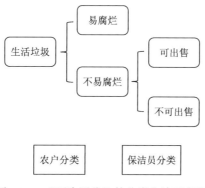

图 1-10　"两次四分"的分类方法示意图

　　"垃圾不落地"的转运方法，指的是取消村内垃圾集中堆放点和垃圾池，实现垃圾从投放到处理全程不落地，通过农户将垃圾自行投放到各户设立的密闭垃圾桶，保洁员定时将其运送到村级阳光堆肥房，确保垃圾从出门到进入最终处置环节全程不落地，减少了蚊蝇滋生，也净化了村庄环境。

　　"阳光堆肥房就地资源化"的利用方法（图1-11），指的是针对分拣出的易腐烂垃圾，建设阳光堆肥房，并使用专利技术对传统发酵处理工艺进行科学改进，引入微生物菌剂，配套建设通风和保湿回淋系统，堆肥后的垃圾由企业、农业合作社用于制作有机肥。

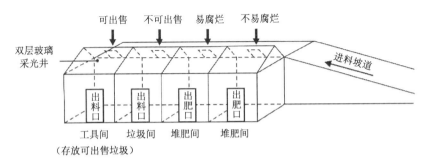

图 1-11　　"阳光堆肥房就地资源化"利用方法示意图

　　与此同时，作为国家级和省级农村生活垃圾分类和资源化利用的示范县，安徽省全椒县引入了县域农村生活垃圾收集转运的 PPP 模式[45]，取得政府、企业、社会"1+1+1＞3"的积极成效。农村生活垃圾治理 PPP 模式以政府购买服务为核心，将农村生活垃圾治理以特许经营权方式"让渡"给企业并行使监管职能。该模式从供给侧着手，将政府的监管、监督、公共服务职能与企业的管理高效、技术创新等方面优势互补，优化农村生活垃圾治理体系、提升治理能力和效果，实现农村地区公共服务有效供给。

8. 各地差异总结

　　我国农村地区人口众多，面积广大，不同地区对农村生活垃圾采取的处理方式不同。因此，了解我国不同地区的农村生活垃圾产生特征以及农村生活垃圾处理模式对于全国农村生活垃圾处理水平的提升具有重要意义。总体上，农村生活垃圾处理尚未形成规模，故目前"村收集、乡（镇）转运、县（市）处理"仍是最优且有效的垃圾处理模式。

　　东北、西北部分地区关于卫生填埋、焚烧和堆肥技术在农村仍然处于无序管理阶段，农村生活垃圾缺乏相应的治理技术和思路，以村镇为单元的使用处理技术储备不足，不同村镇的处理技术选择无据可依，垃圾转运模式的确定缺乏指导性文件，农村生活垃圾的污染物排放标准也尚未确立，农村生活垃圾的处理技术支撑体系远远落后于实际需求。

　　华北地区在垃圾治理方面处于不断完善的过程中，一部分地区对传统的农村生活垃圾处理模式加以创新，实现垃圾资源利用的最大化，一部分地区受到当地经济能力、基础条件及环保意识的限制而无法进行垃圾的分类收集与治理。各区域在政府的鼓励与扶持下将进一步推动垃圾治理工作的进程。

　　西南地区农村生活垃圾统一清运率相对较高，尤其是四川、重庆等地的农村生活垃圾处理模式在不断完善过程中，但云南、贵州等地仍存在简易处理，如简易堆放、简易焚烧等方式，尤其是经济较为落后的地区，通常将垃圾收集后露天堆置，或者任由村民随意倾倒。由于各地经济发展状况不一，财政支持力度差异较大，收运处理模式也发生了相应的变化，通常采取因地制宜寻求消纳垃圾的最佳方式，实现农村生活垃圾资源利用的最大化。

　　华南、华中及华东地区，部分农村已实现生活垃圾"户分类、村收集、镇转运、县处理"的处理模式，并建立垃圾分类收集处理试点，将生活垃圾按照统一的分类方法储存、堆放并分级运输，最终进行无害化处理，一些区域引入县域农村生活垃圾收集转运的 PPP 模式，并且取得了良好的效果。在我国，浙江金华农村生活垃圾处理模式较为成熟，以美丽乡村、生态县市、新农村建设和"五水共治"等为依托，通过"两次四分"的垃圾分类方法、"垃圾不落地"的转运方法，以及"阳光堆肥房就地资源化"利用方法，使垃圾源头减量效果明显，总体上为发展和完善我国农村生活垃圾处理模式提供了参考借鉴。

1.4　我国农村生活垃圾的处置方式

　　相较于城市，农村生活垃圾的处置方式更多元化。目前农村常用的生活垃圾处置方式有资源回收、填埋、生物处理、焚烧等。

1.4.1　资源回收

　　生活垃圾处理处置的终极目标是资源和能源的回收利用，资源回收一般通过加强分类收集来实现垃圾中有用组分的循环利用和再生利用。垃圾分类收集是各种处理方式的前提，可有效实现废物的重新利用和一定量的废品回收，同时也是卫生填埋、堆肥、焚烧等垃圾处置方式的基础，可以为垃圾处理实现垃圾处置减量化、资源化、无害化目标创造良好的条件。

可回收垃圾：最直接的资源化可再生垃圾，包括纸类、塑料、玻璃、金属、织物、橡胶等，这类垃圾可卖给专门的加工厂作为原材料重新利用。通过综合处理回收利用，一方面可通过销售部分可用"废品"增加农民的收入；另一方面可降低有毒有害垃圾对环境的危害，节省资源。

厨余垃圾：有机肥料的源泉，包括菜根菜叶、剩菜剩饭等食品类废物，以及不需要农户在日常生活中进行分类的人畜粪便和农作物秸秆、树枝等。与其他垃圾相比，厨余垃圾富含淀粉、蛋白质、纤维素、脂肪等有机物，资源回收价值大。据有关数据统计，厨余垃圾经生物技术进行堆肥，每吨可生产 0.3 t 有机肥料[46]。

灰土垃圾：可用来生产砌块砖，还可以作为生产水泥的辅料以及生产农家肥、填坑造地等。主要包括炉灰、扫地（院）土、拆房（墙）土等。

生物质垃圾：可作为生物质燃料的组成部分。主要包括各类坚果皮屑、废旧木屑，不能成为材料的树枝、树杈等。

有害垃圾：包括废电池、废日光灯管、废水银温度计、过期药品等，这些垃圾需要进行特殊安全处理。最近有研究显示可以从废旧电池中提取贵金属，如镍氢电池中含大量有价金属（镍、钴等）和稀土金属，可用湿法和火法提取这些金属[46]。

1.4.2　填埋

垃圾填埋是世界上通用和处理量最大的垃圾处置方式，处理成本低、技术简单、适应性强。垃圾填埋又分为简单填埋和卫生填埋两种技术。

简单填埋一般是在市郊选择山坳或挖巨大的坑，将收集的垃圾倾倒其中，当垃圾填满后，在垃圾堆上面做一些覆土工作，把垃圾盖住。简单填埋投资少，操作简单，但占地面积大，填埋产生的垃圾渗滤液对地下水和土壤都产生严重的污染，垃圾堆放所产生的臭气严重影响空气质量[47,48]。

卫生填埋这项技术始于 20 世纪 60 年代，是在传统的堆放、填坑基础上，出于保护环境的目的而发展起来的，其原理是利用工程手段，对垃圾填埋作业区采取防渗、铺平、压实、覆盖等措施将垃圾埋入地下，经过长期的物理、化学和生物作用使垃圾达到稳定状态，将垃圾压实减容至最小，并对产生的气体、渗滤液、蝇虫等进行治理，最终对填埋场封场覆盖，从而将垃圾产生的危害降到最低，使整个过程对公众卫生安全及环境均无危害[47]。

卫生填埋技术比较成熟，操作管理简单，处理量大，可以处理所有种类的垃圾。在不考虑土地成本和后期维护的前提下，卫生填埋技术的建设投资和运行成本相对较低，能处理处置各种类型的废物，但是对填埋场场地要求严格，选址相对困难，占地面积大[49]。目前，由于缺乏经济基础，极少农村地区采用卫生填埋方式处理生活垃圾，而采用简单填埋方式处理生活垃圾的地方非常多。一些乡村或者乡镇，选择偏远的山谷或者山沟，将垃圾简易填埋，不做任何防渗处理，甚至也不会规范化的覆土，容易造成严重的二次污染。

简易填埋场和卫生填埋场如图 1-12 和图 1-13 所示。

图 1-12　简易填埋场　　　　　　　　　图 1-13　卫生填埋场

1.4.3　生物处理

生物处理是利用自然界中的生物，主要是微生物（如细菌、真菌等），处理有机垃圾（也称生物质垃圾），主要包括可降解的厨余垃圾（剩饭剩菜、果皮、鱼刺等）、动植物残体（动物尸体、树皮、木屑、农作物秸秆）、动物粪便等，将其转化为稳定的产物、能源和其他有用物质，实现生活垃圾的减量化、无害化、资源化。

生物处理技术主要包括好氧技术和厌氧技术。好氧技术以堆肥法为代表，最终获得有机肥料；厌氧技术以厌氧消化法为主，以获得沼气等高值产品，用来发电或者替代天然气、燃油使用。农村生活垃圾中有机垃圾组分（厨余、瓜果皮、植物残体等）含量高，一般情况下，往往是先进行厌氧堆肥至第一步水解过程结束，水解产物再进行好氧发酵，这样降解彻底，污染小，效果好。

堆肥法是在有氧条件下，利用微生物对垃圾中的有机物进行降解的处理方法。由于具有发酵周期短、无害化程度高、卫生条件好和易于机械化操作等特点，堆肥法在国内外得到广泛应用。堆肥法工艺由前处理、主发酵（亦可称一次发酵、一级发酵或初级发酵）、后发酵（亦可称二次发酵、二级发酵或次级发酵）、后处理、脱臭及储存等工序组成。

厌氧消化法是将复杂有机物在无氧情况下降解成氮、磷、无机化合物和二氧化碳、氢气等。厌氧消化法的主要流程由预处理（水解）、厌氧发酵、沼气收集、发电或天然气提纯等工序组成。

此外，蚯蚓堆肥技术在农村地区具有非常广阔的前景。蚯蚓堆肥是指利用蚯蚓食腐、食性广、食量大及其消化道可分泌出蛋白酶、脂肪酶、纤维素酶、甲壳酶、淀粉酶等酶类的特性，将经过一定程度发酵处理的有机固体废物作为食物喂食给蚯蚓，经过蚯蚓的消化、代谢及蚯蚓消化道的挤压作用转化为物理、化学和生物学特性都很好的蚓粪，从而达到无害化、减量化、资源化的目的。

蚯蚓堆肥技术主要有蚯蚓生物反应器技术和土地处理法。蚯蚓生物反应器技术可以和垃圾源头分类相配合，对混合收集的垃圾需要进行分选、粉碎、喷湿、传统堆肥等预处理。土地处理法是在田地里采用简单的反应床或反应箱进行蚯蚓养殖并处理生活垃圾的一种方法，是目前应用较多的一种方法，此方法不仅适用于处理分类后的有机垃圾，而且适用于处理混合垃圾。

采用蚯蚓堆肥技术处理前需要进行必要的垃圾分选，将不能为蚯蚓利用或对蚯蚓处理不利的物质（如金属、玻璃、塑料、橡胶等）去除，然后再进行粉碎、喷湿、传统堆肥等预处理，将其中的大部分致病微生物、寄生虫和苍蝇幼虫杀死，从而实现无害化[27, 50]。

蚯蚓堆肥技术既适合较大规模的垃圾集中处理，也适合一家一户的处理。其不仅费用低廉、工艺简单、操作方便、无二次污染，而且具有巨大的经济价值。蚯蚓可将 50%的有机垃圾以能量的方式消耗或转化储存成自身营养体，余下的50%左右以粪便形式排出。蚓粪可用作除臭剂和有机肥料，作为有机肥料用于农田时，对土壤的微生物结构和土壤养分均可产生有益的影响，如可提高作物（草莓）的产量和生物量，以及土壤中的微生物量[51]。

1.4.4　焚烧

焚烧是一种较传统的垃圾处置方式，是通过适当的热分解、燃烧、熔融等反应,使垃圾经过高温氧化进行减容,成为残渣或者熔融固体物质的过程。垃圾焚烧还可以回收垃圾焚烧产生的热量,达到废物资源化的目的。垃圾焚烧产生的烟气经净化后排出,少量剩余残渣排出填埋或作其他用途(如废渣铺路)。由于垃圾经焚烧处理后,减量化效果显著(燃烧后垃圾的体积可减少 80%~95%),节省用地,还可消灭各种病原体,将有毒有害物质转化为无害物,故垃圾焚烧法已成为垃圾处置的主要方法之一。现代的垃圾焚烧炉皆配有良好的烟尘净化装置,以减轻对大气的污染。

焚烧过程中垃圾燃烧不充分或者含有重金属,会产生苯、氰化氢、甲烷、二噁英等二次污染物,因此垃圾焚烧设施必须配有烟气处理设施,防止重金属、有机污染物等再次排入环境介质中[48]。

填埋、生物处理(堆肥法为主)和焚烧是目前应用最广泛的三种垃圾处置方式,它们各有优缺点,详见表 1-10。长期以来,我国农村地区采用以填埋和堆肥为主的垃圾处置方式。农村生活垃圾一般由农民进行自行分类,可回收利用的成分较少,而其中的厨余垃圾、果皮、蔬菜残渣等易于处理的垃圾成分,一般也由农民自行用作农家堆肥、沼气利用、农田肥料或牲畜食料等,难以进行规模化的堆肥处理,即使收集后进行统一堆肥处理,也存在投资及处理费用较高、建设周期长、对技术水平及管理水平要求较高、设备较复杂、对垃圾成分要求高、需进行预处理、不可堆肥物仍需进行另行处理,以及生产出的复合肥成本高、销售难等缺点。随着经济发展与国民素质的提高,我国的农村生活垃圾处置方式将更具有针对性。填埋将逐渐边缘化,取而代之的是焚烧,通过初期的垃圾分类之后,将可燃成分在高温之下进行氧化热分解,将其转化为固体废渣,因此垃圾焚烧是实现农村生活垃圾减量化、资源化与无害化的重要举措。

表 1-10　三种主要垃圾处置方法比较[46, 52]

内容	填埋	生物处理(堆肥法)	焚烧
占地	大	中等	小
选址	较困难,需考虑地形、地质条件,防止地表和地下水源污染	较易,须避开居民密集区	易
适用条件	基本上适用于处理一切类型的垃圾,但有机垃圾含量不宜过高	从无害化角度,垃圾中可生物降解有机物应≥10%,从肥效出发应<40%	垃圾低发热值>3300 kJ/kg 时不需添加辅助燃料
操作安全性	较好,注意防火	好	好
技术可靠性	可靠	可靠,国内有相当经验	可靠
建设投资	较低	适中	较高
二次污染	对水源、土壤、大气都有污染的可能性,可采取措施控制或降低可能性	需防止重金属对水源、土壤的污染,有轻微气味	对水源的污染可能性较小,大气污染可控制

第 2 章　农村生活垃圾小型焚烧现状

2.1　全国总体概况

我国广西、江西、云南、贵州、湖北、湖南、浙江、广东、江苏、安徽、福建、河北、青海等省（自治区）农村地区近年来建设了成千上万套生活垃圾小型焚烧设施，特别是南方的广西、云南、贵州、江西等省（自治区）建设较多。福建、江西、安徽十几年前就开始探索建设农村生活垃圾小型焚烧炉，起步较早。其他省（自治区、直辖市）大多集中在 2012～2016 年开始建设农村生活垃圾小型焚烧炉。

总体而言，我国农村地区生活垃圾小型焚烧设施的建设数量不断增加、技术水平不断提升，这些小型焚烧设施在解决农村生活垃圾治理问题过程中发挥了不可替代的重要作用。

2.2　典型地区农村生活垃圾小型焚烧现状

2.2.1　云南省

（1）云南省农村生活垃圾焚烧设施建设概况

云南省农村生活垃圾焚烧技术推广较快，小型热解炉、土窑等多种类型的焚烧设施均得到了积极推广。

小型热解炉处理规模大多为 1～5 t/d，这类焚烧炉在炉底加入磁场，让炉底的热量向上传递，不是明火烧，而是在缺氧状态下焚烧，排出的烟气先经过水膜除尘，然后通过水箱除去焦油，再通过静电除尘处理。部分规模 2 t/d 及以上的设备还会配备二次热解设备，能瞬间加热到 800～1000℃，经过高温二次分解减少有害气体后再排放。焦油则返回炉中焚烧,废水进行沉淀处理后回收利用。规模 2 t/d 的设备每套造价大概 60 万～70 万元,加厂房的总投资大概 100 万元。

云南省某些地方政府推动建设了一些相对规范的土窑,有的乡镇分散建设多个,有的则 6～8 个建在一起。这些土窑一般要求连续运行,根据垃圾量决定启动多少个炉子,并且一般配备了简易的烟气处理设施。

此外还有少数相对高端的焚烧设备在推广。2015 年 12 月,云南施甸县甸阳镇小型垃圾热解气化处理成套装置竣工。

(2) 典型地区——保山市

保山市位于云南省西南部,外与缅甸山水相连,国境线长 167.78 km,内与大理、临沧、怒江、德宏四州市毗邻,土地面积 19 637 km²,辖隆阳区、腾冲市、施甸县、龙陵县、昌宁县一区一市三县。截至 2018 年,保山市分为四县一区,共有乡镇 71 个,全市总人口 250.6 万,其中城镇人口为 57.2 万,占比 22.82%,乡村人口为 193.4 万,占比 77.18%。

因政府财力有限,保山市农村生活垃圾处理设施建设普遍滞后。2012 年以前,建成投运的保山市中心城区和县城垃圾无害化填埋场仅覆盖周边农村人口近 110 万,其余近 100 万农村居民生活垃圾得不到有效处理。全市每年还有 39 万余吨农村生活垃圾需要处理。由于缺乏有效的管理措施和处理手段,这些生活垃圾大多被村民以随意丢弃、露天堆放、简易填埋或分散焚烧等方式无序处理。

保山市在经济欠发达情况下,因地制宜,近年来,积极引入新技术,探索农村生活垃圾处理新模式,全市农村生活垃圾得到及时收集处理,农村环境质量明显改善。经过此前多次考察、分析和论证,腾冲县(现腾冲市)于 2012 年初引进安徽省某企业研发的垃圾处理自燃式垃圾焚烧炉,在明光镇进行试点建设。在引进垃圾处理技术后,腾冲县(现腾冲市)环保局指导明光镇结合实际在辛街中心集镇、东营村、自治村、凤凰村选择建设 4 个能够辐射全镇的垃圾焚烧处理场。按照 20～30 户居民集中居住区域或自然村布局建设一个垃圾收储池,每个行政村由 2～3 人组成清运保洁队,以承包方式将垃圾收储池内的垃圾清运至垃圾焚烧处理场,处理场管理员将各村运送来的垃圾进行初步分拣,再投入焚烧炉进行热解处理。

自 2012 年 5 月 9 日至 2013 年 6 月 13 日,明光镇先后建成的辛街中心集镇自燃式垃圾焚烧炉等 5 座焚烧炉相继点火试运行,每个垃圾焚烧处理场日处理生活垃圾 2～6 t。据介绍,每座焚烧炉及附属工程投资约 10 万元左右,每个垃圾焚烧处理场每年运行费约 6 万～10 万元左右,每个垃圾焚烧处理场用地 400～500 m²,可设在远离村寨的山坡洼地,炉体一次性点火,不熄灭,炉内最高温度可达 850～1200℃,垃圾减量化程度达 90%以上,直观烟尘排放不明显。

为进一步提高垃圾处理效果,腾冲县(现腾冲市)于 2013 年 4 月对明光辛街中心集镇自燃式垃圾焚烧炉进行技术改造,安装烟尘净化器进行垃圾焚烧除尘试验。

经过一年多实践,腾冲县(现腾冲市)形成一套行之有效的"户集、村收村运、镇处理"的农村生活垃圾收集处理模式。2013 年 11 月 15 日,保山市召开农村生活垃圾处理工作现场会,明确农村生活垃圾收处工作推广"户集、村运、乡镇处理"的明光模式,按照"政府主导、村级管理、群众参与"的管理运行方式来治理。从 2013 年起,计划用 3 年时间完成 300 座农村生活垃圾热解气化炉建设并运行。到 2015 年底,建立起完善的农村生活垃圾处理体系和管理体系,全市农村生活垃圾处理设施覆盖 80%以上的村庄,农村生活垃圾处理率不低于 80%。

2016 年,保山市已建成两百余座热解气化炉并投入使用,这些设施主要布设在乡(镇)政府所在地的集镇和中心村,并延伸到农村小集市和部分聚居区,共覆盖 600 多个行政村。

据有关人员介绍,2014 年,施甸县在保山市率先引入云南某企业的农村生活垃圾热解处理工艺,建成一座技术含量较高、处理效果较好的垃圾热解处理站。处理站以电解高温加热实现垃圾分解处理,热解时产生的灰渣体积减小 98%以上且可综合利用,烟气排放量少、浓度低,经三级处理系统处理后排放,产生的少量冷凝废水排入沉淀池后可回收利用。这座垃圾热解处理站设计处理能力 2 t/d,实际处理垃圾约 3.6 t/d,冬季可突破 4 t/d,服务附近 3 个行政村 1 万余人。截至 2016 年,施甸县已建成投运营各类农村生活垃圾热解气化炉 45 座,服务范围达 53 个行政村、约 14 万人,日处理垃圾约 92 t,垃圾处理后减排量达 95%。

在政府财力支撑严重不足的情况下,开展大规模农村生活垃圾处理设施建设面临的最大难题就是资金保障。为弥补资金不足,保山市建立了多渠道、多层次、多形式的投入机制,采取"财政预算一点、项目整合一点、企业支持一点、各级帮扶一点、集体经济列支一点、农民交纳一点"的办法,有效保障农村生活垃圾处理设施的建设和运行管护。

从 2013 年起,保山市级财政每年安排 500 万元专项资金,按每座 5 万元的标准,采用以奖代补的方式支持 300 座农村生活垃圾处理设施建设,各县(区)、乡（镇）都按照不低于市级补助标准配套建设资金。截至 2016 年，市、县（区）、乡（镇）、村共投入资金约 5000 万元。

以腾冲市曲石镇为例，农村生活垃圾处理系统成本（图 2-1）大致包括固定投资和运行管理费用。①固定投资近 300 万元：购置集镇监察车 1 辆、可卸式垃圾车 2 辆、拖拉机 1 辆、可卸式垃圾车厢 26 个，投资 42 万元；在中心集镇、周边村寨、雅居乐项目生活区建设 400 个垃圾收储池，摆放 20 个垃圾房、50 个垃圾箱，投资 20 万元；在清河社区山脚村民小组建设一个主要覆盖中心集镇以及曲石、回街、清河等 7 个社区的自燃式垃圾焚烧站，包括 9 座内径为 4.5 m 的焚烧炉以及空气净化器和热能垃圾处理机各一套，投资 221 万元；建设一个距焚烧站 4 km、占地面积 4 亩①的填埋场，用于填埋处理焚烧残渣和建筑垃圾，投资 15 万元；②运行管理费用每年 80 万元，包括人工费、运输费、设施维修费等。

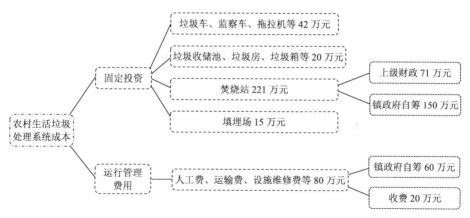

图 2-1 曲石镇农村生活垃圾处理系统成本示意图

这些资金通过多种方式筹措。单就建设垃圾焚烧站而言，上级财政补贴仅 71 万元，镇政府自筹 150 万元。在解决运行管理费用上，镇政府根据《腾冲县环境卫生管理实施方案》及有关法律法规规定，制定了《曲石镇垃圾清运收费实施方案》，每年可收费 20 万元，不足的 60 万元由镇政府自筹。

曲石镇中心集镇根据不同行业性质制定了 13 个垃圾费阶梯式收取标准。镇里把运行管理费用由"财政买单"过渡为"村民自治"。运行管理由村民"一事一议"，根据运输距离定出收费标准，写入村规民约，让村民自我约束和相互监督。实施收支两条线、村民自筹、专款专用。

① 1 亩≈666.67 m²

2.2.2　江西省

（1）江西省农村生活垃圾焚烧设施建设概况

江西省主推城乡一体化模式，要求各地建立和完善"户分类、村收集、乡转运（处理）、县处理"的城乡环卫一体化生活垃圾收运处理体系。从实际情况看，江西多地城镇生活垃圾处理设施尚不完善，垃圾消纳能力不足，且存在填埋场运营不规范、垃圾焚烧发电厂建设滞后等问题。同时，江西东西南部三面环山，中部丘陵起伏，境内河流众多，农村生活垃圾转运困难重重、耗费颇大。因此，大部分农村地区尚无法借用城镇生活垃圾处理系统，只能自寻出路。在此背景下，小型焚烧成为江西多地农村的最佳选择，多地以乡镇为主体建设了垃圾焚烧炉。

早年江西农村建设了一些简易焚烧炉，主要用于焚烧分拣后剩余的垃圾。这类简易焚烧炉设计不合理且没有配套烟气净化设施，少数地方出现了"村村点火、乡乡冒烟"现象，二次污染严重。目前这些简易焚烧炉大多已被淘汰或弃用。近几年，江西多地农村开始推广规范、先进的焚烧技术。例如，2014 年，遂川县提出各乡镇原则上全部要建环保型垃圾焚烧炉，进行垃圾无害化焚烧。再如，修水县四都镇于 2013 年 2 月建成了处理规模为 10～13 t/d 的小型焚烧炉，并在厂内设置了垃圾分选区，能够实现垃圾的资源化利用及最终处置。该焚烧炉二次污染概率较低，配备了旋风除尘和湿式洗涤等烟气净化设备，灰渣集中堆放后简易填埋，废液通过收集池储存。

（2）典型地区——修水县大桥镇

修水县大桥镇是九江市小城镇综合改革试点镇，湘、赣边贸重镇。历史上曾被誉为"赣挽之咽喉，湘岳之肘腋"，居吴山之首，楚水之源，全镇土地面积 12 187.64 hm²，辖 16 个行政村，287 个村民小组。截至 2018 年末，全镇总人口 41 559 人。

2012 年前，大桥镇受资金和技术限制，大部分农村生活垃圾只能采用简易填埋方式处置，缺乏必要的卫生保护措施，对周边地下水和土壤造成了二次污染，破坏了大桥镇地区的生态环境。

为了解决部分农村居民生活垃圾的清洁无害化处置问题，减少简易填埋处置对周边环境的污染，大桥镇曾于垃圾填埋场附近建设了简易焖烧土窑。土窑处理规模约 2～5 t/d，主要为砖混结构。大桥镇农村生活垃圾以厨余垃圾为主，达到 68%（表 2-1），其工业分析含水率达到 44.93%，垃圾低发热值只有 3990.95 kJ/kg

（表 2-2），低于一般城市生活垃圾低发热值。由于缺乏分类收集，简易土窑减量化效果十分有限，并且二次污染严重，因此很快被弃用。

表 2-1　大桥镇农村生活垃圾组分

组分	厨余	塑料	纸	灰渣	布	金属	玻璃	竹木
含量/%	68	12	6	5	2.7	0.8	3	2.5

表 2-2　大桥镇生活垃圾组分分析

含水率/%	灰分/%	挥发分/%	固定碳/%	C 含量/%	H 含量/%	N 含量/%	S 含量/%	O 含量/%	Cl 含量/%	低发热值($Q_{\text{net,ar}}$)/(kJ/kg)
44.93	33.01	15.76	6.30	16.76	2.33	0.97	0.11	1.89	0.50	3990.95

为解决垃圾的最终处置问题，大桥镇在嘉里集团郭氏基金会的资助下，积极探索，引进先进的处理技术。2013 年，在环境保护部华南环境科学研究所和浙江大学的技术支持下，大桥镇新建了规模 20 t/d 的垃圾热解焚烧炉，服务人口约 15 000 人，基本满足了镇中心的垃圾处置需求（图 2-2）。

图 2-2　江西九江大桥镇垃圾热解焚烧炉现场

2.2.3　贵州省

（1）贵州省农村生活垃圾焚烧设施建设概况

贵州省早年主推填埋方式处理农村生活垃圾，然而已无法满足目前的垃圾处理需求。目前农村生活垃圾面临缺钱缺设施缺人的情况，已经建设的乡村垃圾填埋场普遍存在设计容量不足、资金不足、分类无法实施等问题，并且缺乏专业技术人员。贵州省也在积极探索水泥掺烧、焚烧等其他处理方式。

早年贵州省农村地区建设的垃圾焚烧设施以简易土窑为主，这类土窑造价几千至两三万元不等，大多建于路边或村口，以焖烧方式为主，基本没有配套的烟气处理系统，垃圾减量率很低，且黑烟等污染较明显。目前，部分土窑已被闲置或者更新换代，如报京乡等地自发设计建造了改进型土窑，这类改进型土窑造价约十来万元，垃圾处理能力约 10 t/d，在炉体设计方面有所改善。

近年贵州省引进了多个热解焚烧项目，技术水平逐步提升。

（2）典型地区——黔东南苗族侗族自治州

黔东南苗族侗族自治州（简称黔东南州）地处云贵高原向湘桂丘陵盆地过渡地带，常住人口超过 350 万人。黔东南州是典型的岩溶地区，境内可划分为喀斯特地貌区和剥蚀、侵蚀地貌区。黔东南州由于土壤资源严重匮乏，加上喀斯特地质环境对垃圾场选址不利，建设垃圾卫生填埋场极其困难，因此必须采用焚烧、堆肥与卫生填埋相结合的综合处理方式，才可能有效解决垃圾问题。

近年来，黔东南州旅游区人口增多，农村生活垃圾产量也不断增加，对环境造成的压力与日俱增。目前，黔东南州农村生活垃圾收集工作进展较好，不少苗寨、侗寨等少数民族村落通过"村规村约""垃圾桶署名"等方式来规范和监督垃圾收集，如麻江县宣威镇复兴村、三穗县寨里村等地垃圾收集及时，村貌干净整洁。

黔东南州辖区计划分 3 个片区，在凯里市、三穗县、黎平县各建设一个垃圾焚烧发电厂，推行"村收集、镇转运、县处理"模式，但目前无法实施，主要原因有三个：一是运行费用太贵（概算约 160 元/t）；二是邻避效应，群众反对在自家门口建设大型垃圾焚烧厂；三是部分地区乡镇到县的距离可能达到一两百公里，运输时间多达 4～6 h，耗时费钱，难以承受。

目前多个部门在推动农村生活垃圾小型焚烧。早期焚烧炉（土窑）建设以村为单位，有的一个村建设一个，有的一个村建设几个，造价几千至二三万元不等，但由于技术水平不高，普遍焚烧不完全、减量化效果不明显。近几年，黔东南州开始积极引进小型立式焚烧炉、多段热解气化焚烧炉等焚烧设施，并配套建设规范的厂区及污染治理设施，对部分乡镇的垃圾治理起到了极大的促进作用。

2.2.4　青海省

（1）青海省农牧区生活垃圾焚烧设施建设概况

青海省是典型的农牧区，地广人稀，在推行退牧还草、义务教育等措施后，很多牧民开始聚居在城镇，但大部分城镇规模较小。这些城镇垃圾体量较小，达不到城市大规模焚烧的规模，而垃圾填埋面临选址困难、运营水平低等问题，因此青海省农牧区对生活垃圾小型焚烧技术需求强烈。尤其是三江源地区，地广人稀，垃圾收运集中处理成本非常高，且部分地方征地困难，卫生填埋难以实施，即使建好填埋场，填埋覆土需要高价向附近牧民购买，运行费用昂贵，资源化作肥料更不可行，在经济的转运半径内就地小规模焚烧减量更具可行性。

以玉树市为例，该市地处三江源核心区，三江源国家公园基本上涵盖了整个玉树，生态地位极其重要。2010 年 4 月 14 日，该地发生了 7.1 级地震，灾后重建的新玉树已经是高楼林立、街道整齐的现代化城市。由于是在废墟上新兴建起来的城市，且处于三江源核心区，玉树的生态环境保护受到了全国甚至全世界的广泛关注。现阶段，垃圾处理是玉树面临的最紧迫问题之一。目前玉树市区常住人口 15 万左右，户籍人口 11 万，垃圾产生量约 120 t/d。玉树结古镇之前使用的旧填埋场因多重原因已无法使用，玉树震后新建的垃圾填埋场位于结古镇沿 214 国道向东约 7.5 km，两座山相交的半山腰处（图 2-3）。新填埋场占地面积为 12 hm²，总库容达到了 84 万 m³，拥有日处理 150 t 生活垃圾的能力，2012 年完工，2019 年已投入使用，设计使用时长为 10 年。新填埋场建设和运营过程中出现了诸多难题。首先是征地困难，很多草山是牧民祖祖辈辈留下的，而草山是牧民的生存根本，因此土地资源稀缺、征地非常困难。其次是覆土成本高，玉树山上每一寸土

图 2-3　玉树震后新建填埋场

都很宝贵，有的山只有表面一小层是土，一旦挖掉破坏，几十年甚至上百年都难以恢复，有的几百年的原生植被，挖掉裸露后无法恢复，因此覆土成本非常高，购买费用约一车（25 t）580～620 元。

与填埋不同，玉树地区选用焚烧方式处理垃圾具有先天优势，一是垃圾可燃性非常好，大概有 75%的垃圾可燃，其中包装、废旧衣物特别多，而且日照较强烈，垃圾含水率较低；二是大气环境容量大，玉树地区地广人稀，山高水长，焚烧产生的大气污染影响相对小很多。2015 年 12 月 28 日，玉树藏族自治州玉树市人民政府与某企业共同签署玉树市生活垃圾焚烧发电项目特许经营协议，同时成立环保电力公司。这一项目投资 3.5 亿元，是青海省首个垃圾焚烧发电项目，占地 100 亩。然而，目前玉树地区采用大型焚烧发电方式尚存在垃圾量远远不足的难题。据估算，目前玉树市区垃圾量仅 120 t/d，还远远达不到焚烧发电 300 t/d 的最低门槛。初步的解决方案是将囊谦和称多两个县城的垃圾也运送过来，但是理论测算三个县市相加起来可能也只有 200 t/d 左右的垃圾量，而且囊谦、称多县城距离玉树分别达到 150～170 km 和 120～130 km，运输成本高昂，运送一次至少需要 3～4 h，人力及时间成本均非常高。此外，大型柴油车运输（当地路况决定）也会带来严重的尾气污染。

目前，青海省正在积极引进可行的小型焚烧技术，利用卫生的、二次污染较小的小型焚烧设施，实现农牧区垃圾就近减量，推动农牧区垃圾处理的长效运行。2015 年，同仁县安装了两台小型焚烧炉，每台日处理量约为 1t，可对周边 4 个村落的垃圾进行减量化处理。2016 年，青海省开始推动热解气化处理技术的试点，先后在刚察、玛多和杂多县完成了 10 t/d、5 t/d 和 20 t/d 的小型热解气化处理技术示范。

（2）典型地区——杂多县

杂多县隶属于青海省玉树藏族自治州，是青海省最偏远的地区，东和东南与玉树、囊谦两县毗邻，西靠唐古拉山地区，南和西南与西藏自治区昌都、那曲的丁青、巴青、聂荣、索县、安多等五县接壤，北靠治多县。面积为是 3.5 万 km²。杂多县是优良的虫草产地，也是澜沧江源头县之一。杂多县 6 万多人，县城居住了约 4 万人，大部分是牧民，退牧还草、接受义务教育后，大部分人都聚集到县城，以藏族为主，此外有汉族、土族、回族、蒙古族等。杂多县处于地震断裂带、地震多发区域，两边是高山峡谷，中间澜沧江穿越而过。2010 年地震后，杂多县"一县两城"规划重建，规划了 9 个社区，目前建成 8 个。

近年来，随着市场经济快速进入，三江源地区以及区域内牧民原有的生活方式逐渐改变，垃圾成为三江源地区日益严重的问题之一。杂多县位于唐古拉山北麓，是澜沧江和长江南源当曲的发源地，作为三江源国家生态保护综合试验区的重要组成部分，涵括了三江源三个保护分区的杂多县以其特殊的地理位置、丰富的自然资源和重要的生态功能构成了青藏高原生态安全屏障的重要组成部分。

2014 年 3 月网络报道了澜沧江沿线垃圾问题，杂多县垃圾处理面临巨大压力。目前杂多县仅县城每天便产生垃圾约 70 t，为了避免不可降解垃圾甚至有毒有害垃圾散布在草原上，随风飘散，影响草场、牲畜和水源的安全，近两年杂多县投入了大量人力物力财力解决垃圾问题。目前在垃圾分类和收集方面进展明显，而在垃圾最终处置方面却仍然困难重重。

2015 年初，杂多县组织三江源国家级自然保护区管理局、四川大学、西南大学、自然之友、四川省绿色江河环境保护促进会、三江源生态环境保护协会等近十家科研机构或公益组织，针对三江源区域日益严重的垃圾问题进行讨论，最终形成《杂多县垃圾减量与资源化处理初步方案》。此后，杂多县在吉乃滩和夏果滩社区开展社区垃圾减量和资源化处理试点（图 2-4）。试点社区将生活垃圾主要分为塑料瓶、纸张、玻璃瓶、有害垃圾和其他垃圾五大类，按照生活垃圾的组成、利用价值和环境影响等实施分类投放、分类收集、分类运输和分类处置等不同处理方式，最终由社区服务站安排垃圾车并对分类好的垃圾进行转运，城管部门负责对转运后的分类垃圾进行后续处理。垃圾较多的季节，社区每天收集一次，垃圾较少的季节则两天收集一次。根据社区试点经验，杂多县可回收垃圾及不可回收垃圾组分大致各占一半，可回收垃圾主要包括塑料、纸张、玻璃瓶、金属等，不可回收垃圾包括煤灰、骨头、废旧衣物等。当地天气寒冷却未集中供暖，每家每户都会烧煤炉，因此不可回收垃圾中含有大量煤灰。骨头与当地居民爱吃牦牛、山羊的饮食习惯相关。社区也推行了垃圾收费制度，如夏果滩社区一户收费约 1 元，低保户、残疾户全免，公租房住户减免 50%，一年总共收费 13 万元左右，可以抵除一半支出（一年支出 25 万元）。目前社区垃圾收集费用不足部分由政府补贴，以后的计划是投资由政府出，运行费用由民众自己解决。社区民众认为，垃圾及时清理处理后，环境变好了、疾病少了，而且对牲畜也有好处。

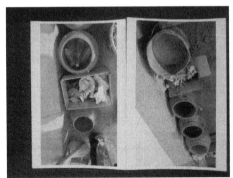

图 2-4　杂多县垃圾分类桶及墙报宣传

此外，在政府的号召下，周边乡村的牧民也会将一些垃圾分类，随后拉到县城统一处理。乡村的垃圾收集有多种方式，最常用的有两种：一是农民赶集的时候把垃圾带到县城，二是把垃圾（收集打包好）放到大路旁暂存，由专人定期沿路边收集。在海拔高达 4750 m 的查乃拉卡山垭口，也可见到用于暂存垃圾的垃圾箱（图 2-5）。

图 2-5　查乃拉卡山垭口垃圾箱

杂多县城目前有新旧两个垃圾填埋场（图 2-6），旧填埋场容量约为新填埋场的两倍。由于在旧填埋场入口处，建有垃圾回收车间（图 2-7），不同类别的可回收垃圾经过压缩后运送到回收点，回收体系运作效果良好。旧垃圾填埋场已填满，但未做无害化处理，之前原本计划将垃圾解冻后重新挖出来作无害化处理，但由于舆论压力，只能重新填埋。杂多县新建的垃圾填埋场目前不具备使用条件，主要原因是防渗膜破坏，另外，新填埋场位于地质敏感地带，如出现问题将对下游澜沧江造成环境灾害。在新垃圾填埋场无法使用、旧垃圾填埋场已填满的局面下，杂多县只能采取往旧垃圾填埋场继续填垃圾的应急措施。

图 2-6　杂多县旧垃圾填埋场（左）和新垃圾填埋场（右）

图 2-7　杂多县旧垃圾填埋场垃圾回收车间

2015 年底国家十部门发布《关于全面推进农村垃圾治理的指导意见》后，杂多县也开始因地制宜地探索就近减量的方法，经过多次研讨后确定焚烧法最适合杂多县的地域环境及垃圾组分。2016 年之前，有多个基金会、社团组织向杂多县推荐了多种大型焚烧技术，但由于垃圾量不到 50 t/d 左右，分拣后只有 20 t/d 左右，无法达到 300 t 的最低建设要求，只能作罢，因此垃圾小型焚烧技术已成为杂多县的必然选择。然而，目前国内外小型焚烧技术尚无在高原地区应用的先例，为此杂多县于 2016 年初正式确定了开展生活垃圾小型热解气化处理试点的意向。

2016 年，杂多县根据相关法律、法规、标准规范及杂多县相关规划，综合考虑自然条件、社会人文条件、交通运输条件、施工条件、污染控制条件，完成了选址工作，最终将生活垃圾小型热解气化处理示范工程建设厂址选定在杂多县现有的垃圾场内（表 2-3）。

表 2-3　杂多县小型热解气化处理示范工程建设厂址基本情况

序号	项目		基本情况
1	自然条件	地形地貌特征	青藏高原，海拔约 4300 m
		气象条件	高原大陆性气候，太阳辐射强、光照充足、平均气温低、降水量少
		地质条件	山地
		地下资源	无
		历史自然灾害情况	干旱、冰雹、霜冻、雪灾和大风、地震等
		防灾基础	防灾基础较好
2	社会人文条件	相关规划情况	已规划建设垃圾场
		人口密度	低，约 1 人/km²
		敏感目标及其分布	无
		土地性质及归属	公共服务设施用地，归属政府
		动迁情况	无
		群众参与意见	群众代表赞同
3	交通运输条件	垃圾运距	平均约 10 km
		运输道路状况	已有道路直通
		设备运输入场条件	可以直接入场
4	施工条件	供电与接电	电网未到厂
		给排水条件	完善
		土石方工程量	适中
		可利用的现有设施	无
5	污染控制条件	环境容量大小	很大
		环境敏感保护目标	无
		大气污染扩散条件	扩散条件很好
		废水处理条件	不具备
		灰渣处理处置条件	厂内可以填埋处置

杂多县示范工程采用分体式生活垃圾智能化热解气化处理系统（图 2-8），设计生活垃圾处理量为 20 t/d（日运行 24 h），系统主要性能参数见表 2-4，运行费用测算结果见表 2-5。

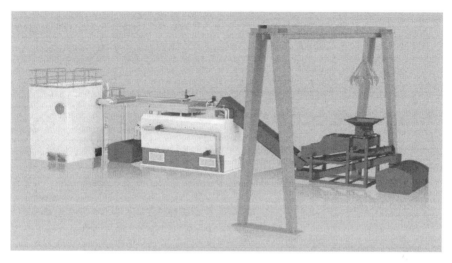

图 2-8　分体式生活垃圾智能化热解气化处理系统效果图

表 2-4　分体式生活垃圾智能化热解气化处理系统性能参数

项目	指标
日处理量	20 t/d（日运行 24 h）
装机容量	85 kW
设备电耗	25kW·h
设备水耗	8 t/d
燃料用量	燃油 12kg/次
物料含水率	≤50%
体积减量比	≥95%
处理车间建筑面积	460 m²

表 2-5　分体式生活垃圾智能化热解气化处理系统运行费用

序号	分项	费用	单位	备注
1	人工费	300	元/d	2 班 6 人
2	燃料费	72	元/d	12 kg/d（6 元/kg）
3	电费	300	元/d	25 kW[0.5 元/(kW·h)]
4	运行维护	50	元/d	——
5	处理费用	722	元/d	——
6	处理量	20	t/套·d	——
7	处理成本	36.1	元/t	——

2017 年 7 月，杂多县示范工程土建开始动工，2017 年 9 月，土建工程完工。图 2-9 为杂多县示范工程土建施工现场。

图 2-9　杂多县示范工程土建施工现场

2017 年 9 月，杂多县示范工程设备开始进场。图 2-10 为设备进场现场。

图 2-10　杂多县示范工程设备进场现场

2017 年 10 月，示范工程主体完工，并成功点火。随后，示范工程开始调试，调试完成后稳定运行至今（图 2-11）。

图 2-11　杂多县示范工程正常运行现场

2017 年 12 月，杂多县示范工程第三方监测完成。根据第三方监测结果，废气中颗粒物、二氧化硫、氮氧化物、一氧化碳、氯化氢、重金属（汞、镉、铅等）、二噁英等污染物的排放浓度均符合《生活垃圾焚烧污染控制标准》（GB18485—2014）的相关要求。灰渣中含水率、六价铬、汞、砷、铅、镉等重金属浓度符合《生活垃圾填埋场污染控制标准》（GB16889—2008）中浸出液污染物浓度限值。

2.2.5　广西壮族自治区

广西壮族自治区鼓励各地大胆实践，积极创新，因地制宜地采取了与城市垃圾处理不同的技术路线和办法，形成了一批具有地方性、区域性、乡土性特色的技术路线和方案，初步建立了低成本、易维护、可推广的技术和设备体系。这套体系涵盖了"村收集镇转运县处理"的集运处理体系、"村收镇运片区处理"的边缘地区垃圾处理体系，以及垃圾处理不出村、就近就地处理体系等三个方面，尤其在对农村生活垃圾进行就近就地处理中，各地尊重农民群众的首创精神，创造性地探索试行了小型焚烧技术、卫生填埋、堆肥处理、沼气池处理和发酵处理等一批简单易行、低成本技术，其中小型焚烧技术应用最多、运营状况最好。

（1）村一级自主设计焚烧炉

贺州、南宁等地借用砖窑和农村节柴灶原理对热解焚烧炉进行结构改造，通过合理的烟道、烟库及炉膛保温设计，提高炉膛的自燃性，再通过风机促进炉内空气流动吸入新鲜空气助燃，使炉温保持较高水平，进而促进垃圾燃尽。借鉴水烟斗原理，把所有烟气压入熟石灰水、活性灰水中进行脱酸、吸附、吸尘，有效净化污染物。这类垃圾焚烧炉日焚烧生活垃圾约 8～12 t，占地 90～200 m²，总投资 15 万～20 万元，运行成本约 5～15 元/t，一般一个村建 1～2 个。

（2）乡镇或小区域共用垃圾热解气化焚烧炉

来宾、柳州等地采用新一代的生活垃圾热解气化技术，在某些乡镇附近或者几个乡镇之间建设了处理规模为 10～30 t 的垃圾热解气化焚烧炉。这类焚烧炉主要由上料机、垃圾热解炉、自动控制系统和烟气处理系统组成。生活垃圾经由上料机送入热解炉内，依次经过干燥层、干馏层、燃烧层直至焚烧完全，炉渣由底部炉排排出。这类垃圾焚烧炉投资成本（含土建）约 150 万～300 万元，运行成本约 20 万～40 万元。

2.2.6　安徽省

肥西、铜陵、歙县等地方县市出资建设了一些小型垃圾焚烧炉，但近些年安徽大部分地区很少再新建这类小型垃圾焚烧炉，仅皖南山区仍在建设。如歙县雄村 2013 年 3 月建成了处理规模 10～20 t/d 的垃圾焚烧炉，潜山官庄及经济开发区于 2016 年建成了处理规模 10 t/d 左右的热解焚烧炉，其烟气采用湿式洗涤及活性炭吸附净化，二次污染较低。

2.2.7　湖南省

湖南省近年来因地制宜地开展农村生活垃圾治理工作，不主张一刀切地推行城乡一体化处理模式。比如湘西土家族苗族自治州山路曲折，有的乡村离县城集中处理场超过 100 km，无法集中处理。湖南各个地域条件不一样，经济条件也差异较大，垃圾处理模式也各有特点。近几年各地根据自身情况，建设了多种不同类型的焚烧炉。

从 2006 年开始，湖南省湘乡等地的农民便自主地在当地研发垃圾焚烧炉，先后尝试了简易焖烧、移动焚烧车、旋转焚烧、移动床焚烧等多种技术，并开展了试点推广，积累了丰富的经验。

2013 年中，娄底双峰县洪山殿镇亚家坪村建成首座村级无公害垃圾焚烧站。垃圾焚烧站总投资近 70 万元，占地面积 760 m²，日处理垃圾能力为 6 t，炉体高 8 m，炉内可容纳垃圾 200 m³。生活垃圾经人工分类后倒入焚烧炉，利用垃圾焚烧所产生的热量提高炉内温度，垃圾经 800～1200 ℃的高温焚烧后，数量和体积均减少 95%以上，灰渣经筛选后作农家肥。焚烧产生的有毒气体，经水循环、高压喷淋、活性炭吸附三级烟气净化设备处理后再排放。

2014 年 4 月 20 日，湖南泸溪县白羊溪乡云上村农村生活垃圾焚烧炉投入使用，该乡筹资 10 多万元建造了一座圆形封顶的新型垃圾焚烧炉。据技术人员介绍，这种新型垃圾焚烧炉，分为上下两层，每天可消化垃圾 0.5～0.75 t。

2014 年 8 月，张家界桑植县廖家村镇在创建"省级生态镇"活动中，首建一座农村生活垃圾大型焚烧炉，该焚烧炉基本高度 8.5 m，内径 4 m，外径 4.8 m，投入 27.55 万元，日处理垃圾 5～7 t。

2014 年 9 月，邵阳市岩口铺镇在创建"美丽乡村"活动中，建设了该市首座农村生活垃圾大型焚烧炉，该焚烧炉基本高度 9.5 m，内径 4.5 m，外径 5.2 m，日处理垃圾 5～10 t。

2015 年 2 月 5 日，隆回县第一个垃圾焚烧炉在六都寨镇西山村正式点火启用，该垃圾焚烧炉是一个直径 3.8 m、高 7.5 m 的圆柱体，顶部烟囱高 4 m，总投资 10 万元，工程占地面积 300 多平方米。焚烧炉可辐射该镇西山村周边 5 个村庄 1000 余户居民，在正常运转时，其日处理生活垃圾量达 3 t。

2.2.8　湖北省

湖北省以城乡统筹治理为主导，近年兴建了多个垃圾焚烧发电厂和填埋场，然而偏远农村地区转运距离过长、费用过高的问题仍无法解决，因此大部分农村面对日益严重的"垃圾围村"问题，仍只能选择符合当地实际的模式。

黄石、荆州、恩施等地农村地区建设了一些垃圾焚烧炉，比如黄石大冶市灵乡镇 2011 年建成第一个农村生活垃圾焚烧厂，荆州公安县 2013 年启用首座垃圾焚烧炉，恩施高罗乡苗寨村 2012 年启用首座垃圾焚烧炉，其中以恩施地区最为典型。恩施地区喀斯特地貌丰富，溶洞、溶洼、峡谷众多，填埋技术难以推广，只能选用焚烧技术处置垃圾。

2012 年为了加强村庄规划和人居环境治理，改善农村生活环境和村容村貌，高罗乡利用农村环境综合整治项目，引进了垃圾焚烧炉设备。9 月 18 日，该设备建成投运。此后，白果乡、绿水镇、漫水乡等乡镇也建设了垃圾焚烧炉。其中部分垃圾焚烧炉配备了烟气处理系统，烟气通过冷热交换器、活性炭吸附、布袋除尘器等装置再排出，二次污染率较低。

2.2.9　广东省

目前广东省阳江、珠海、广州等地建设了农村生活垃圾小型焚烧炉。

2014 年，阳春市三甲镇与中山一家锅炉厂合作，共同设计、制造了一台无公害焚烧垃圾炉，并固定安装在一辆柴油车上，成为流动垃圾焚烧车。焚烧炉采取二级焚烧，垃圾先在一级燃烧室直接燃烧，产生的烟经二级燃烧室二次燃烧。

2015 年，珠海外伶仃洋岛等地租赁了 6 台闪蒸矿化处理器；2016 年，广州增城也建设了 1 台闪蒸矿化处理器，探索就地处理农村生活垃圾的新途径。作为规模集中处理的补充，闪蒸矿化处理器主要是用于解决分散、不便集中转运处理的生活有机垃圾，可以实现就地无害化、资源化、减量化处理。

2.2.10　江苏省

江苏全省推广城乡统筹生活垃圾处理模式，因此农村小型焚烧炉数量较其他南方省份少，仅在扬州、无锡等地建有少量农村生活垃圾小型焚烧炉（图 2-12）。江苏省建成的农村生活垃圾焚烧炉大多采用热解气化焚烧技术，并且配备了较完善的烟气净化系统，基本没有二次污染。

图 2-12　江苏省扬州小纪镇智能气化焚烧炉

第3章 农村生活垃圾小型焚烧技术发展现状

3.1 小型焚烧设施分类

目前农村生活垃圾焚烧已形成有别于大型垃圾焚烧发电的技术体系,根据技术发展水平不同焚烧设施大致可分为四类[53]。

第一类是土法焖烧设施,仅由土窑式炉膛构成,没有二燃室,没有烟气净化系统,投资运行成本低,运行维护方便,大多设施减量效果很差,焚烧温度低,二次污染严重,处理规模较小,处理规模多为 5 t/d 以下。土法焖烧设施在江西、湖南、贵州、福建、广西等地区分布较多,且多为 2010 年前所建,目前多数已经停运。土法焖烧设施建设的基本情况见表 3-1。

表 3-1 土法焖烧设施建设的基本情况

项目		基本情况
建设区域		江西、湖南、贵州、福建、广西等地区
厂区建设	建设运行时间	大多为 2010 年之前
	厂址	路边、田边、山谷等地
运行状况	处理规模	1~2 t/d
	每天运行时间	不定期运行
	垃圾分拣	垃圾未分类,混烧
焚烧设备	炉型	立式土窑
	设备材质	钢材、水泥为主
灰渣/废液处理	灰渣	定期清理
	废液	无
烟气治理设施	颗粒物	无
	氮氧化物	
	酸性气体	
	重金属	
	二噁英	
成本	建设成本	大多低于 2 万元
	运行成本	极低

第二类是简易焚烧设施，通常将垃圾放入简易焚烧炉内有组织的燃烧，大多配备二燃室和简单的尾气处理装置。其炉型具有多样性，如改进焖烧炉、立式手烧炉、小型移动床焚烧炉等，有采用钢材制造，也有采用砖块砌成，包括车载式焚烧炉、卧式或立式手烧炉、回转式焚烧炉等。相较土法焖烧，简易焚烧对炉膛进行了改进设计，减量效果较好，但处理规模较小，焚烧温度不高且波动大，烟气净化系统不完善，二次污染较明显。简易焚烧设施使用地区分布较广，且多为2010年后建设，是目前农村生活垃圾焚烧的主要设施。简易焚烧设施建设的基本情况见表3-2。

表3-2　简易焚烧设施建设的基本情况

项目		基本情况
建设区域		广泛分布
厂区建设	建设运行时间	大多在2010年之后
	厂址	远离聚集区，山谷居多
运行状况	处理规模	2～15 t/d
	每天运行时间	不定期运行
	垃圾分拣	大多未进行垃圾分类，混烧
焚烧设备	炉型	立式手烧炉、小型移动床焚烧炉等
	设备材质	钢材为主
灰渣/废液处理	灰渣	定期清理
	废液	储存
烟气治理设施	颗粒物	
	氮氧化物	
	酸性气体	水喷淋+活性炭吸附+布袋除尘等简易组合工艺
	重金属	
	二噁英	
成本	建设成本	20万～200万元不等
	运行成本	较低

第三类是热解焚烧设施，通常将垃圾在无氧或缺氧的条件下热解变为可燃热解气，再进入燃烧室完全燃烧。热解焚烧设施包括热解气化炉、二段式热解炉等，这类焚烧炉多由预处理、进料、干燥、一燃室、二燃室及简易自动控制系统等装置组成，大多配置了简易的烟气净化系统，但不完善。燃烧过程多分为两个阶段，第一阶段为缺氧状态的热解气化和燃烧，第二阶段为过氧燃烧，燃烧温度高且稳定，避开了二噁英生成区间，减量化较彻底，二次污染可控性增强，处理规模多为10～30 t/d。应用热解焚烧设施处理农村生活垃圾主要在2014年以后，目前，江苏、云

南、广西、贵州、江西等地都在建设。热解焚烧设施建设基本情况见表 3-3。

表 3-3　热解焚烧设施建设的基本情况

项目		基本情况
建设区域		广西、云南、江苏等地
厂区建设	建设运行时间	大多在 2014 年之后
	厂址	远离聚集区，山谷居多
运行状况	处理规模	10～30 t/d
	每天运行时间	不定期运行
	垃圾分拣	破袋，分选出大块垃圾
焚烧设备	炉型	两段或多段式热解等
	设备材质	钢材、耐火砖为主
灰渣/废液处理	灰渣	定期清理
	废液	储存
烟气治理设施	颗粒物	活性炭粉末喷射+布袋除尘等简易组合工艺
	氮氧化物	
	酸性气体	
	重金属	
	二噁英	
成本	建设成本	50 万～500 万元
	运行成本	适中

第四类是改进热解焚烧设施，如智能化热解气化炉等，是在热解焚烧设施基础上改进设计的，增加了机械分选给料系统、自动出灰系统、自动控制系统，以及具有除尘、除脱酸性气体、除二噁英及重金属等较完善的烟气净化系统。该类设备具有焚烧温度高且稳定、减量化彻底、自动化程度高，二次污染率低等优点，但是设计、制造要求高。该类设施近两年进入工程化试验应用阶段。

3.2　小型焚烧技术现状

农村生活垃圾焚烧技术分为六大类，分别为露天焚烧、土法焖烧、简易焚烧、热解焚烧、炉排焚烧和流化床焚烧。

露天焚烧如图 3-1 所示，是指在露天环境下不进行任何控制的焚烧。露天焚烧时，燃烧温度比规范化的垃圾焚烧低得多，不仅燃烧效率低、垃圾燃烧不彻底，而且会产生浓烈的黑烟以及包括二噁英在内的多种有毒气体。早年露天焚烧在农村地区大量存在而无人监管。近些年，由于各地开始明令禁止，露天焚烧基本被遏制，但仍然存在。

图 3-1　露天焚烧

土法焖烧是指垃圾间歇式地进入土窑式焚烧炉内自行燃烧，没有供风、自控、烟气净化等配套设施，也没有二燃室，操作人员只需要每隔一段时间将焚烧后的灰渣清理出来以及向炉内送垃圾。垃圾在土法焖烧过程中，在设备缺氧环境下，有机物质的分子直接裂解为小分子气态化合物等，一定程度上降低了垃圾处理所需温度。但是，由于垃圾炉内温度仅有 300～450℃左右，燃烧不完全将产生大量炭黑、有机污染物及恶臭性气味气体。

简易焚烧，垃圾通常间歇式地进入简易焚烧炉内有组织的燃烧，部分炉型配备二燃室和旋风分离器、喷淋塔等简单的尾气处理装置，因此燃烧效率比土法焖烧高、排放的污染物较土法焖烧少，但通常焚烧温度不高且波动大、二次污染明显。

热解焚烧是垃圾在缺氧的条件下热解为可燃热解气，热解气在二燃室内过量空气的作用下完全燃烧。热解焚烧过程多分为两个阶段，第一阶段为缺氧状态的热解气化，第二阶段为过氧燃烧。热解焚烧通常温度高且稳定，可避开二噁英生成区间，减量化较彻底。热解焚烧具有较好的燃料适应性、灵活性和较低的投资、运行成本，在农村地区应用较多。

炉排焚烧将垃圾堆放在炉排上，焚烧火焰从垃圾堆料层的着火面向未着火面及内层传播，形成层燃过程，炉排上沿生活垃圾的行进方向可区分出余热干燥、主燃和燃尽三个温度不等的区段，由不同区段产生的气体在炉排上方形成不同炉膛温区，温度沿炉膛高度方向明显下降。在此过程中，垃圾先后经过干燥、热解脱挥发分和充分燃烧。

流化床焚烧方式为悬浮燃烧，从布风板进入的空气以较高的流速将固体颗粒床料吹起使之在炉内滚动、搅拌、翻腾，入炉垃圾在床料的带动下在炉内成流化状态并与空气接触发生干燥、热解及燃烧反应，由于垃圾在燃烧过程中处于不断的沸腾、翻滚状态，燃料和空气接触好，传热传质剧烈，因此燃烧效果较高。但是相比于炉排炉，流化床对入炉垃圾的尺寸有一定要求，一般需要预先破碎处理，对于低发热值垃圾还需要添加辅助燃料以达到一定的燃烧温度，另外流化床产生的飞灰量较大，由于飞灰多为危险废弃物，因此增加了处置难度和费用。

目前炉排焚烧和流化床焚烧主要用于城市大型生活垃圾焚烧厂，在农村应用极少。

3.3　烟气污染控制技术现状

3.3.1　单项污染物控制技术

根据污染物的种类、排放特性和危害大小，垃圾焚烧烟气污染控制技术分为五大类，分别为除尘技术、脱硝（NO_x）技术、脱硫除酸技术、除重金属技术和除二噁英技术。同时在实际工程中，多污染物协同控制技术也应用较多。CO 是农村生活垃圾焚烧产生的重要污染物之一，可以通过提升燃烧效率来降低 CO 排放，一般不采用末端控制方式。六类污染控制技术的常见技术方法见表 3-4。

表 3-4　垃圾焚烧烟气污染控制技术

技术类别	污染控制项目	技术方法
除尘技术	粉尘（颗粒物）	重力除尘、旋风除尘、文丘里洗涤、水膜式除尘、布袋除尘、静电除尘
脱硝技术	NO_x	燃烧过程控制技术、选择性催化还原脱硝技术、选择性非催化还原脱硝技术、化学吸收法、吸附法、电子束法
脱硫除酸技术	SO_2、HCl	钙基湿法、双碱法、湿式氨法、简易湿法、旋转喷雾干燥法、干法脱硫、电子束法
除二噁英技术	二噁英	活性炭粉末喷射法、固定床吸附法、催化氧化技术、高温过燃烧技术
除重金属技术	重金属（Hg^0、Pb 等）	化学吸收法、固定床吸附法、活性炭粉末喷射法
多污染物协同控制技术	SO_2、NO_x、重金属等	活性炭吸附法、干法同时脱硫脱硝技术、碱喷射法、电子束法、化学吸收法

1. 除尘技术

常用的除尘技术包括重力除尘、旋风除尘、文丘里洗涤、水膜式除尘、布袋除尘、静电除尘等。

（1）重力除尘

重力除尘是借助于粉尘的重力沉降，将粉尘从气体中分离出来的设备。粉尘靠重力沉降的过程是烟气从水平方向进入重力沉降设备，在重力的作用下，粉尘粒子逐渐沉降下来，而气体沿水平方向继续前进，从而达到除尘的目的。重力除尘技术除尘效率最低，且无法有效去除直径为 5~10 μm 的粉尘，为低效除尘技术，但其投资运行成本低、物耗能耗低、技术稳定性高，目前用于多级除尘系统中的初级除尘（预除尘）。

（2）旋风除尘

旋风除尘技术的除尘机理是使含尘气流做旋转运动，借助于离心力将尘粒从气流中分离并捕集于器壁，再借助重力作用使尘粒落入灰斗。旋风除尘技术对颗粒物的直径比较敏感。当颗粒物直径减小时，其除尘效率迅速降低，为中效除尘器，目前也多用于多级除尘系统中的初级除尘。

（3）文丘里洗涤

文丘里洗涤包括收缩段、喉管和扩散段。含尘气体进入收缩段后，流速增大，进入喉管时达到最大值。洗涤液从收缩段或喉管加入，气液两相间相对流速很大，液滴在高速气流下雾化，气体湿度达到饱和，尘粒被水湿润。尘粒与液滴或尘粒之间发生激烈碰撞和凝聚。在扩散段，气液速度减小，压力回升，以尘粒为凝结核的凝聚作用加快，凝聚成直径较大的含尘液滴，进而在除雾器内被捕集。文丘里洗涤除尘效率、投资运行成本、技术稳定性适中，为中效除尘技术，主要用于粉尘排放要求不高的场合。

（4）水膜式除尘

水膜式除尘利用含尘气体冲击除尘器内壁或其他特殊构件上的水膜，使粉尘被水膜捕获，气体得到净化。水膜式除尘效率适中、投资运行成本较低、技术稳定性较高，常与湿法脱酸工艺联用，用在粉尘排放要求不高的场合。

（5）布袋除尘

布袋除尘利用惯性碰撞、重力沉降、扩散、拦截和静电效应等物理作用，使烟气中颗粒物附着在滤袋上；当颗粒物集聚到一定程度时，被清灰装置从滤袋表面清除，使除尘系统能够保持过滤、清灰的持续运转。布袋除尘技术的除尘效率最高，是目前国内外城市垃圾焚烧发电厂标配的高效除尘技术，常和活性炭粉末喷射技术联用，以达到捕集二噁英和重金属的目的。

（6）静电除尘

静电除尘技术的主要工作原理是将高压直流电在电晕极和收尘极间连通，产生强电场使气体电离、粉尘带上电荷，随后，带有电荷的粉尘颗粒向收尘极运动并沉积在极板上，使颗粒物从烟气中分离出来。静电除尘技术的除尘效率与布袋除尘技术的除尘效率相当，但是运行维护水平要求较高，目前在农村地区的推广应用不多。

2. 脱硝技术

常用的烟气脱硝技术有燃烧过程控制技术、选择性催化还原（selective catalytic reduction，SCR）脱硝技术、选择性非催化还原（selective non-catalytic reduction，SNCR）脱硝技术、化学吸收法、吸附法、电子束法等。

（1）燃烧过程控制技术

燃烧过程控制技术通过改进燃烧技术来降低燃烧过程中 NO_x 的生成与排放，其主要途径有：降低燃料周围的氧浓度，减小炉内过剩空气系数，降低炉内空气总量，或减小一次风量及挥发分燃尽前燃料与二次风的混合，降低着火区段的氧浓度；在氧浓度较低的条件下，维持足够的停留时间，抑制燃料中的氮生成 NO_x，同时还原分解已生成的 NO_x；在空气过剩的条件下，降低燃烧温度，减少热力型 NO_x 的生成。

（2）SCR 脱硝技术

SCR 脱硝是指在催化剂存在的条件下，含有氨基的还原剂在合适的温度区间内，快速、高效地将烟气中的 NO_x 还原成 N_2。SCR 脱硝效率可达 90% 以上。

有氧条件下，SCR 反应如下：

$$4\,NH_3 + 4\,NO + O_2 \longrightarrow 4\,N_2 + 6\,H_2O \qquad\qquad （1）$$

$$8\,NH_3 + 6\,NO_2 \longrightarrow 7\,N_2 + 12\,H_2O \qquad\qquad （2）$$

（3）SNCR 脱硝技术

SNCR 脱硝技术指在高温（870～1150℃）烟气中，喷入含有氨基的还原剂选择性地将焚烧炉内烟气中的 NO_x 还原生成 N_2，此过程无催化剂的参与，脱硝效率一般在 30%～70%。

以氨作还原剂时，主要的化学反应为：

$$4\,NH_3 + 6\,NO \longrightarrow 5\,N_2 + 6\,H_2O \qquad\qquad （3）$$

以尿素作还原剂时，主要的化学反应为：

$$4\,NO + 2\,CO(NH_2)_2 + O_2 \longrightarrow 4\,N_2 + 2\,CO_2 + 4\,H_2O \qquad （4）$$

还原剂必须注入最适宜的温度区间内，保证式（3）或式（4）为主要反应。若温度过高，还原剂被 O_2 氧化的反应将成为主导。

（4）化学吸收法

化学吸收法通过吸收剂与烟气中的 NO_x 反应使其净化，通常可同时去除 NO_x、SO_2、重金属等污染物，实现多污染物一体化净化。该技术脱硝效率一般高于 50%，会产生吸收尾液。

（5）吸附法

吸附法是利用多孔性固体（吸附剂）吸附废气中某种或几种污染物（吸附质）以回收或去除这些污染物，从而使气体得到净化的方法。

（6）电子束法

电子束法是利用电子束辐照将烟气中 NO_x 转化成硝酸铵的一种脱硝新工艺。

农村生活垃圾焚烧产生的 NO_x 浓度普遍很低，烟气量普遍较小，因此除了利用化学吸收法协同脱除多种污染物外，其他 NO_x 控制技术基本都未在农村生活垃圾焚烧烟气治理中推广应用；此外，常用的 SCR、SNCR 等脱硝技术投资和运行成本高，经济发展水平相对落后、资金相对紧缺的农村地区难以承受。

3. 脱硫除酸技术

常用的烟气脱硫除酸技术有钙基湿法、双碱法、湿式氨法、简易湿法、旋转喷雾干燥法、干法脱硫、电子束法等。

（1）钙基湿法

系统采用石灰浆液，酸性气体脱除效率高，HCl 可达 95%，SO_2 脱除率可达 80%，且对有机污染物也有一定的脱除效果。在各种技术中，钙基湿法脱硫除酸效率最高，且技术成熟、稳定可靠、成本适中，但湿法处理需要消耗大量的水资源，所以此技术在取水比较方便的农村地区应用较广[54, 55]。

（2）双碱法

双碱法是利用氢氧化钠溶液作为启动脱硫剂，配制好的氢氧化钠溶液直接打入脱硫塔洗涤脱除烟气中酸性气体，以达到烟气脱硫除酸的目的。

（3）湿式氨法

以氨为吸收剂洗涤含有二氧化硫、HCl 的烟气。此技术成本较高且管理难度较大。

（4）简易湿法

烟气进入脱硫装置的湿式吸收塔，与自上而下喷淋的碱性石灰石浆液雾滴逆流接触，其中的酸性氧化物 SO_2 以及其他污染物 HCl、HF 等被吸收，烟气得以充分净化。此技术脱硫除酸效果适中，投资运行成本较低、维护方便。

（5）旋转喷雾干燥法

旋转喷雾干燥法以石灰为脱硫除酸吸收剂，石灰经消化并加水制成消石灰乳，消石灰乳由泵打入位于吸收塔内的雾化装置。在吸收塔内，被雾化成细小液滴的吸收剂与烟气混合接触，与烟气中的酸性气体发生化学反应生成 $CaSO_3$、$CaCl$ 等化合物，烟气中的酸性气体被脱除。此技术的脱硫除酸效果不及钙基湿法、双碱法等湿法脱硫除酸技术。

（6）干法脱硫

将反应物以干基的方式通过专门的喷头喷入反应器内，一般采用 $Ca(OH)_2$ 作为药剂。此技术的脱硫除酸效果也不及湿法。

在各种脱硫除酸技术中，钙基湿法和双碱法脱硫除酸效率最高，且技术成熟、稳定可靠、成本适中，在取水方便的农村地区应用较多；简易湿法脱硫除酸效果适中、投资运行成本较低、维护方便，因此在农村生活垃圾焚烧烟气治理中应用最为广泛；干法脱硫、旋转喷雾干燥法的脱硫除酸效率不及湿法，一般在取水困难或气温极低的地区使用；湿式氨法以氨为原料，成本较高且管理难度较大，因此在农村尚无应用；电子束法尚处于正在研发中，不具备实际应用条件。钙基湿法、双碱法、简易湿法优先用于华南、西南等取水方便的地区，干法脱硫、旋转喷雾干燥法优先用于西北、东北等取水困难或气温极低的地区。

（7）电子束法

电子束法是利用电子束（电子能量为800keV～1MeV）辐照，将烟气中的SO_2和NO_x转化成硫酸铵和硝酸铵的一种脱硫脱硝新工艺。但该工艺尚处于研发中，不具备实际应用条件。

4. 除二噁英技术

焚烧烟气二噁英污染应实行全过程控制。

焚烧前应通过原生垃圾前处理减少二噁英。通过垃圾的前期分类，除去或减少其中的含氯物质和重金属，特别是铜和易挥发的低沸点重金属，从源头上减少二噁英的生成。如将重金属浓度较高的废旧电池及电器分拣出来，既可减少催化二噁英生成的重金属含量，同时也减少了垃圾携带二噁英类物质的量。将塑料、废弃轮胎从垃圾中分拣并采用分解或热解方法处理，可减少垃圾中有机氯含量，也有利于减少二噁英的产生。

焚烧时应采用"3T+E"法控制二噁英生成。"3T+E"是指垃圾焚烧温度需大于850℃，烟气在炉内的停留时间超过2 s，以及保证较大的湍流程度和适度的过氧量，使烟气中O_2的浓度处于6%～11%，让垃圾在焚烧炉内得以彻底焚毁可防止大量二噁英生成。

焚烧后应采用末端处理技术去除二噁英。焚烧烟气出口管道采用烟气急冷的手段，减少二噁英的二次生成，并采用末端控制技术去除二噁英。常用的二噁英末端控制技术包括活性炭粉末喷射法、固定床吸附法、催化氧化技术和高温过燃烧技术。

（1）活性炭粉末喷射法

布置在急冷后除尘前，能够定时、定量均匀地向烟道内喷射活性炭粉末，使其有效地吸附烟气中的二噁英，具有较高的去除效果。此技术是目前国内外控制焚烧烟气二噁英最常用的方法。

（2）固定床吸附法

固定床吸附法通常采用活性炭颗粒吸附二噁英，将活性炭固定填充在吸附柱（或塔）中，使烟气通过吸附柱（或塔）来去除二噁英。

（3）催化氧化技术

在 250℃左右的较低温度下，通过使用催化剂让二噁英被分子氧化，而生成 CO_2、H_2O 和 HCl 等无机产物。

（4）高温过燃烧技术

将二噁英类物质经燃烧室进行过燃烧而实现彻底分解，一般温度在 1000℃以上。

在各种二噁英末端控制技术中，活性炭吸附法是国内外控制焚烧烟气二噁英最常用的方法，主要包括活性炭粉末喷射法和固定床吸附法，又以前者使用最为广泛。催化氧化技术、高温过燃烧技术等其他二噁英控制技术目前应用较少，有些还处在研究开发阶段，大规模商业应用仍需进一步研究。目前，活性炭粉末喷射法和固定床吸附法在农村污泥焚烧烟气二噁英控制中应用最多。

5. 除重金属技术

目前在国内外常用的除重金属技术包括化学吸收法、固定床吸附法、活性炭粉末喷射法等。

（1）化学吸收法

通过在湿法吸收设备中添加氧化剂，将挥发态重金属氧化成离子态，随后被溶液吸收。

（2）固定床吸附法

技术原理与二噁英中的固定床吸附法一样。此技术推荐用于经济欠发达的农村地区。

（3）活性炭粉末喷射法

技术原理与二噁英中的活性炭粉末喷射法一样。三种形态的 Hg 元素均可被活性炭粉末喷射+布袋除尘有效去除，去除效率高但是工艺运行成本较高。

目前在实际的农村生活垃圾焚烧烟气污染控制中，在烟气处理流程末端使用活性炭滤床（固定床吸附法）去除重金属的方法最为常见，但是活性炭吸附选择性较差，很容易饱和，并且容易被焦油等物质黏附造成床层堵塞，故此技术仍需完善。活性炭粉末喷射法去除效率高，但是运行成本较高，在农村地区使用受到限制。此外，化学吸收法通过在湿法吸收设备中添加氧化剂，将挥发态重金属氧化成离子态，随后被溶液吸收，也能达到较高的重金属去除率。同时，现有国内外实际运行经验表明，活性炭粉末喷射结合布袋除尘器除尘的组合技术可以起到很好的重金属去除作用，美国将此技术作为重金属控制的首选技术列入新建焚烧炉烟气排放标准之中。

6. 多污染物协同控制技术

针对农村生活垃圾焚烧烟气污染治理，目前国内外普遍采用单项污染物控制组合技术，如采用"除尘+脱硫+脱硝"组合来控制烟气中的颗粒物、SO_2、NO_x等，虽然该组合技术污染物去除率高，但存在工艺流程复杂、占地面积大、投资和运行成本高、控制管理难度大等问题。为此，研究开发出经济、高效的多污染物协同控制技术已成为烟气治理的最新研究方向。

活性炭吸附法、干法同时脱硫脱硝技术、碱喷射法、电子束法和化学吸收法等技术均能协同脱除多种污染物，其中活性炭吸附法和化学吸收法在农村生活垃圾焚烧烟气净化中应用较多。活性炭吸附法理论上对重金属、二噁英等去除效率较高，对 NO_x、HCl 等也有去除效果；化学吸收法理论上可以实现酸性气体、重金属等多种污染物的高效去除，对 NO_x 和颗粒物也有一定的去除效果。

7. 农村生活垃圾焚烧烟气污染物控制适用技术

结合农村的实际情况及各种污染物控制技术的特点可知，农村生活垃圾焚烧烟气中各种污染物的控制应选择适用的技术，详见表3-5。

表3-5　农村生活垃圾焚烧烟气污染物控制适用技术

污染控制项目	适用技术	说明
粉尘（颗粒物）	布袋除尘、静电除尘	优选布袋除尘及静电除尘。为了降低布袋除尘器或静电除尘器负荷，可在其之前串联投资运行成本较低的旋风除尘器或重力除尘器用作预除尘
NO_x	化学吸收法、燃烧过程控制技术	常用脱硝技术 SCR、SNCR 目前在农村难以推广。农村应优先通过燃烧过程控制技术降低 NO_x 生成
SO_2、HCl	钙基湿法、双碱法、简易湿法、干法脱硫、旋转喷雾干燥法	钙基湿法、双碱法、简易湿法优先用于华南、西南等取水方便的地区，干法脱硫、旋转喷雾干燥法优先用于西北、东北等取水困难或气温极低的地区

污染控制项目	适用技术	说明
重金属（Hg^0、Pb 等）	活性炭粉末喷射法、固定床吸附法、化学吸收法	经济水平较高的农村地区优先采用活性炭粉末喷射法，固定床吸附法和化学吸收法用于经济欠发达的农村地区
二噁英	活性炭粉末喷射法、固定床吸附法	活性炭粉末喷射法应与除尘单元协同
SO_2、NO_x、重金属等	化学吸收法、活性炭吸附法	活性炭吸附法理论上对重金属、二噁英等污染物去除率较高，对 NO_x、HCl 等也有去除效果。化学吸收法理论上可以实现酸性气体、重金属等多种污染物的高效去除，对 NO_x 和颗粒物也有一定的去除效果

3.3.2　工艺组合

（1）城市生活垃圾大型焚烧烟气污染控制工艺组合

垃圾焚烧烟气净化系统由除尘、脱硫除酸、除二噁英和重金属等各种单项污染物控制单元优化组合而成。工艺组合的目的是使烟气净化系统在经济可行的基础上能有效地、最大化地去除烟气中的各种污染物。

全球对城市生活垃圾大型焚烧烟气污染控制研究应用较早，目前已经形成的烟气净化工艺总计有 408 种，其中在发达国家应用最为广泛的组合工艺有 6 种，具体为：

1）"半干法除酸＋活性炭粉末喷射＋布袋除尘"工艺；

2）"SNCR 脱硝＋半干法除酸＋活性炭粉末喷射＋布袋除尘"工艺；

3）"半干法除酸＋活性炭粉末喷射＋布袋除尘＋SCR 脱硝"工艺；

4）"半干法除酸＋活性炭粉末喷射＋布袋除尘＋湿法除酸＋SCR 脱硝"工艺；

5）"半干法除酸＋活性炭粉末喷射＋布袋除尘＋湿法除酸＋活性炭床除二噁英"工艺；

6）"静电（或布袋）除尘＋湿法除酸（HCl）＋湿法除酸（SO_2）＋布袋除尘"工艺。

上述各种烟气处理组合工艺均可达到较好的污染物去除效果，适用于不同的烟气污染排放标准。其中，第一种组合工艺目前在世界上应用最广，能达到较高的除尘、脱酸、除重金属和二噁英效率，在对 SO_2 等酸性气体和 NO_x 排放要求不高时，非常适合国内使用，因为该工艺具有投资和运行费用低、流程简单、不产生废水等优点。但随着国内外对 SO_2、NO_x、重金属等排放要求的逐渐提高，近年来逐渐增加了湿法除酸、SCR 脱硝等工艺单元。

（2）农村生活垃圾小型焚烧烟气污染控制工艺组合

城市生活垃圾大型焚烧烟气污染控制采用的工艺组合对设施自控系统及操作工人要求较高，且过复杂的单元组合投资和运行成本高，在我国多数农村难以实施。

对于农村生活垃圾小型焚烧产生的烟气，颗粒物、二噁英、重金属等污染物的控制尤为重要。颗粒物超标排放往往会带来直接的感观冲击，并且烟尘弥漫会对农村环境造成直接损害，因此颗粒物排放必须严格控制；二噁英和重金属属于毒性较大的污染物，虽然农村环境容量大，不会对农村居民的健康造成直接影响，但是这两类污染物容易在环境中累积，因此也必须严格控制。

农村地区维护不便，操作要求不能过高，经济能力有限。因此，农村生活垃圾小型焚烧烟气污染控制技术必须以尽量少的工艺单元，实现多种污染物协同控制。结合我国农村实际情况和污染物控制重点，并参考目前国内外已有的城市生活垃圾大型焚烧烟气污染控制工艺，农村生活垃圾小型焚烧烟气污染控制可采用如下优化组合工艺。

干法除酸+活性炭粉末喷射+布袋除尘。这一组合工艺能实现颗粒物、二噁英、重金属、酸性气体等污染物的高效去除，投资运行成本较低，各单元技术稳定性较好。干法除酸单元能去除 SO_2、HCl 等酸性气体；活性炭粉末喷射与布袋除尘配合，能高效去除二噁英、重金属和颗粒物。

干法除酸+活性炭粉末喷射+布袋除尘+活性炭吸附。这一组合能实现颗粒物、二噁英、重金属、酸性气体等污染物的高效去除，投资运行成本适中，各单元技术稳定性较好。干法除酸单元能去除 SO_2、HCl 等酸性气体；活性炭粉末喷射与布袋除尘配合，能高效去除二噁英、重金属和颗粒物；活性炭吸附能进一步去除重金属、二噁英等污染物。

布袋除尘+湿法多污染物协同控制+活性炭吸附。这一组合工艺能实现颗粒物、二噁英、重金属、酸性气体、NO_x 等污染物的高效去除，投资运行成本适中，各单元技术稳定性较好。布袋除尘能实现颗粒物的高效去除；湿法多污染物协同控制技术能协同去除 SO_2、HCl、重金属、NO_x 等污染物；活性炭吸附能进一步去除重金属、二噁英等污染物。

此外，对于垃圾焚烧过程中二噁英污染控制问题，研究和实践均表明，采用"3T+E"工艺能有效控制二噁英的生成，因此"3T+E"工艺可以作为上述组合工艺的前置条件。同时，为了避免二噁英在 250～450℃ 再合成，应在烟气处理单元前采取烟气急冷措施。

3.3.3　费效分析

成本和效益是技术能否适用于农村生活垃圾小型焚烧设施的关键，因此，开展深入的费效分析必不可少，即对各备选技术的成本和效益进行量化分析，寻求最佳环境和经济效益的平衡点。

本书以某垃圾处理量为 10 t/d、烟气量约为 1600 m³/h 的焚烧烟气处理系统为例，对三项最佳组合工艺进行费效分析。主要烟气污染物初始排放浓度如下。

颗粒物浓度：2000 mg/m³；

SO_2 浓度：600 mg/m³；

NO_x 浓度：500 mg/m³；

HCl 浓度：200 mg/m³；

Hg 浓度：1 mg/m³；

Cd 浓度：0.1 mg/m³；

Pb 浓度：3 mg/m³；

二噁英浓度：20 TEQ ng/m³。

1."干法除酸+活性炭粉末喷射+布袋除尘"工艺费效分析

（1）污染物削减量计算

污染物削减量结合初始排放浓度和去除效率进行计算。具体计算公式如下：

$$污染物天削减量=初始排放浓度×标况排气量×24×去除效率$$

式中，初始排放浓度单位为 mg/m³；标况排气量单位为 m³/h；去除效率单位为%。

"干法除酸+活性炭粉末喷射+布袋除尘"工艺对各污染物的去除效率如下。

颗粒物去除效率：99.9%；

SO_2 去除效率：80%；

NO_x 去除效率：20%；

HCl 去除效率：80%；

Hg 去除效率：99%；

Cd 去除效率：99%；

Pb 去除效率：99%；

二噁英去除效率：99%。

计算得出各污染物每天的削减量如下。

颗粒物天削减量：76.72 kg；

SO_2 天削减量：18.43 kg；

NO_x 天削减量：3.84 kg；

HCl 天削减量：6.14 kg；

Hg 天削减量：0.038 kg；

Cd 天削减量：0.0038 kg；

Pb 天削减量：0.114 kg；

二噁英天削减量：0.76 mg-TEQ。

（2）节省的排污费计算

根据国家《排污费征收使用管理条例》、排污费征收标准及计算方法，国家发展改革委、财政部、环境保护部《关于调整排污费征收标准等有关问题的通知》（发改价格〔2014〕2008 号），以各污染物总当量收费，SO_2、NO_x 每污染当量按照 1.2 元计，其他气体污染物按照 0.6 元计。

根据排污费征收标准及计算方法，各烟气污染物的污染当量值如下。

颗粒物（烟尘）：2.18；

SO_2：0.95；

NO_x：0.95；

HCl：10.75；

汞及其化合物：0.0001；

铬及其化合物：0.0007（参照铬酸雾）；

铅及其化合物：0.02；

二噁英：0.000 002（参照苯并[a]芘）。

计算得出天削减的烟气污染物当量数如下。

颗粒物（烟尘）：35.19；

SO_2：19.40；

NO_x：4.04；

HCl：0.57；

汞及其化合物：380.16；

铬及其化合物：5.43；

铅及其化合物：5.70；

二噁英：0.38。

削减当量数最高的三项污染物为颗粒物、SO_2 和汞及其化合物，每天节省的三项排污费总计 $19.40×1.2+35.19×0.6+380.16×0.6=272.49$ 元。

（3）技术总成本计算

"干法除酸+活性炭粉末喷射+布袋除尘"工艺的投资概算约 30 万元，设计寿命以 15 年计，设备残值率为 10%，粗略估算平摊到每天的投资成本为 49.32 元。

运行成本包括药剂费用、电费、布袋更换费用、人工费等。

1）电费

总装机容量：10 kW；

工作容量：7.5 kW；

每日耗电：$7.5×24=180$ kW·h。

以每度 0.6 元计，则耗电费为：$180×0.6=108$ 元。

2）药剂费用

SO_2 天削减量 18.43 kg、HCl 天削减量 6.14 kg；

采用氧化钙作为脱酸剂，每天去除酸性气体需要氧化钙为 $18.43÷64×56+6.14÷36.46÷2×56=20.85kg$；

氧化钙价格为 300 元/t；

每天脱酸剂费用为 $20.85×300/1000=6.26$ 元；

活性炭粉末消耗费用：平均每天费用为 20 元；

每天药剂费用总计：$6.26+20=26.26$ 元。

3）布袋更换费用

布袋每年更换 2 次，每年更换费用为 1.44 万元，平摊到每天的费用为 39.45 元。

4）人工费

操作人员每班 1 人，每天 2 班，每人每月 1500 元，每天人工费用为 100 元。

每天运行成本为 $108+26.26+39.45+100=273.71$ 元；每天技术总成本为 $49.32+273.71=323.03$ 元。

（4）费效分析结果

"干法除酸+活性炭粉末喷射+布袋除尘"工艺每天的运行成本为 273.71 元，

平摊到每天的投资成本为 49.32 元，每天技术总成本为 323.03 元。削减当量数最高的三项污染物每天可节省的排污费总计 272.49 元。节省的排污费是技术总成本的 84.35%，是运行成本的 99.55%，运行成本与节省的环境成本基本相当，因此"干法除酸+活性炭粉末喷射+布袋除尘"工艺具有较低的费效比。

2. "干法除酸+活性炭粉末喷射+布袋除尘+活性炭吸附"工艺费效分析

（1）污染物削减量计算

"干法除酸+活性炭粉末喷射+布袋除尘+活性炭吸附"工艺对各污染物的去除效率如下。

颗粒物去除效率：99.9%；

SO_2 去除效率：85%；

NO_x 去除效率：25%；

HCl 去除效率：85%；

Hg 去除效率：99.5%；

Cd 去除效率：99.5%；

Pb 去除效率：99.5%；

二噁英去除效率：99.5%。

计算得出各污染物每天的削减量如下。

颗粒物天削减量：76.72 kg；

SO_2 天削减量：19.58 kg；

NO_x 天削减量：4.8 kg；

HCl 天削减量：6.53 kg；

Hg 天削减量：0.038 kg；

Cd 天削减量：0.0038 kg；

Pb 天削减量：0.115 kg；

二噁英天削减量：0.764 mg-TEQ。

（2）节省的排污费计算

计算得出天削减的烟气污染物当量数如下。

颗粒物（烟尘）：35.19；

SO_2：20.61；

NO_x：5.05；

HCl：0.61；

汞及其化合物：382.08；

铬及其化合物：5.46；

铅及其化合物：5.73；

二噁英：0.38。

削减当量数最高的三项污染物为颗粒物、SO_2 和汞及其化合物，每天节省的三项排污费总计 35.19×0.6+20.61×1.2+382.08×0.6=275.10 元。

（3）技术总成本计算

"干法除酸+活性炭粉末喷射+布袋除尘+活性炭吸附"工艺的投资概算约 32 万元，设计寿命以 15 年计，设备残值率为 10%，粗略估算平摊到每天的投资成本为 52.6 元。

运行成本包括药剂费用、电费、布袋更换费用、人工费等。

1）电费

总装机容量为：10 kW；

工作容量：7.5 kW；

每日耗电：7.5×24=180 kW·h；

以每度 0.6 元计，则耗电费为：180×0.6=108 元。

2）药剂费用

SO_2 天削减量 19.58 kg、HCl 天削减量 6.53 kg；

采用氧化钙作为脱酸剂，每天去除酸性气体需要氧化钙为 19.58÷64×56+6.53÷36.46÷2×56=22.15 kg；

氧化钙价格为 300 元/t；

每天脱酸剂费用为 22.15×300/1000=6.65 元；

活性炭粉末消耗及活性炭更换费用：平均每天费用为 30 元；

每天药剂费用总计：6.65+30=36.65 元。

3）布袋更换费用

布袋每年更换 2 次，每年更换费用为 1.44 万元，平摊到每天的费用为 39.45 元。

4）人工费

操作人员每班 1 人，每天 2 班，每人每月 1500 元，每天人工费用为 100 元。

每天运行成本为 108+36.65+39.45+100=284.1 元；每天技术总成本为 52.6+284.1=336.7 元。

（4）费效分析结果

"干法除酸+活性炭粉末喷射+布袋除尘+活性炭吸附"工艺每天的运行成本为 284.1 元，平摊到每天的投资成本为 52.6 元，每天技术总成本为 336.7 元。削减当量数最高的三项污染物每天可节省的排污费总计 275.1 元。节省的排污费是技术总成本的 81.7%，是运行成本的 96.8%，运行成本略高于节省的环境成本，因此"干法除酸+活性炭粉末喷射+布袋除尘+活性炭吸附"工艺具有较低的费效比。

3. "布袋除尘+湿法多污染物协同控制+活性炭吸附"工艺费效分析

（1）污染物削减量计算

"布袋除尘+湿法多污染物协同控制+活性炭吸附"工艺对各污染物的去除效率如下。

颗粒物去除效率：99.5%；

SO_2 去除效率：95%；

NO_x 去除效率：20%；

HCl 去除效率：90%；

Hg 去除效率：95%；

Cd 去除效率：95%；

Pb 去除效率：95%；

二噁英去除效率：99%。

计算得出各污染物每天的削减量如下。

颗粒物天削减量：76.42 kg；

SO_2 天削减量：21.89 kg；

NO_x 天削减量：3.84 kg；

HCl 天削减量：6.91 kg；

Hg 天削减量：0.036 kg；

Cd 天削减量：0.0036 kg；

Pb 天削减量：0.11 kg；

二噁英天削减量：0.76 mg-TEQ。

（2）节省的排污费计算

计算得出天削减的烟气污染物当量数如下。

颗粒物（烟尘）：35.05；

SO_2：23.04；

NO_x：4.04；

HCl：0.64；

汞及其化合物：364.8；

铬及其化合物：5.21；

铅及其化合物：5.47；

二噁英：0.38。

削减当量数最高的三项污染物为颗粒物、SO_2 和汞及其化合物，每天节省的三项排污费总计 35.05×0.6+23.04×1.2+364.8×0.6=267.56 元。

（3）技术总成本计算

"布袋除尘+湿法多污染物协同控制+活性炭吸附"工艺的投资概算约 30 万元，设计寿命以 15 年计，设备残值率为 10%，粗略估算平摊到每天的投资成本为 49.32 元。

运行成本包括药剂费用、电费、布袋更换费用、人工费等。

1）电费

总装机容量为：10 kW；

工作容量：7.5 kW；

每日耗电：7.5×24=180 kW·h；

以每度 0.6 元计，则耗电费为：180×0.6=108 元。

2）药剂费用

SO_2 天削减量 21.89 kg、HCl 天削减量 6.91 kg；

采用氢氧化钙作为脱酸剂，每天需要氢氧化钙为 21.89÷64×74+6.91÷36.46÷2×74=32.32 kg；

氢氧化钙价格为 500 元/t；

每天脱酸剂费用为 32.32×500/1000=16.16 元；

活性炭更换费用：平均每天费用为 10 元；

每天药剂费用总计：16.16+10=26.16 元。

3）布袋更换费用

布袋每年更换 2 次，每年更换费用为 1.44 万元，平摊到每天的费用为 39.45 元。

4）人工费

操作人员每班 1 人，每天 2 班，每人每月 1500 元，每天人工费用为 100 元。

每天运行成本为 108+26.16+39.45+100=273.61 元；每天技术总成本为 49.32+273.61=322.93 元。

（4）费效分析结果

"布袋除尘+湿法多污染物协同控制+活性炭吸附"工艺的运行成本为 273.61 元，平摊到每天的投资成本为 49.32 元，每天技术总成本为 322.93 元。削减当量数最高的三项污染物每天可节省的排污费总计 267.56 元。每天节省的排污费占技术总成本的 82.85%，占运行成本的 97.79%，运行成本略高于节省的环境成本，因此"布袋除尘+湿法多污染物协同控制+活性炭吸附"工艺具有较低的费效比。

组合工艺的费效分析结果表明，"干法除酸+活性炭粉末喷射+布袋除尘""干法除酸+活性炭粉末喷射+布袋除尘+活性炭吸附""布袋除尘+湿法多污染物协同控制+活性炭吸附"三项组合工艺均具有较低的费效比，均能以较低的经济成本实现主要污染物的高效净化。

3.4　灰渣处理处置技术现状

3.4.1　飞灰和炉渣污染特性

垃圾焚烧会产生飞灰和炉渣，其中炉渣可以作为一般固废处理，而飞灰须作为危险废物处理。飞灰中含有 Ca、Si、K、Na、Zn、Pb、Cu、Cd、Cl、S、C 等元素，并夹带一定浓度的重金属和二噁英。由于飞灰中的 Cd、Pb、Cu、Zn 和 Cr 等多种有害重金属物质和盐类可被水浸出，《国家危险废物名录》已经明确规定生活垃圾焚烧飞灰为危险废物，编号为 HW18。因此飞灰的处置必须严格按照危险废物的标准进行。

表 3-6 列出了一些农村生活垃圾小型焚烧产生的灰渣中的重金属浓度，所有灰渣都未进行任何污染物处理。从灰渣的检测结果看，大多数小型焚烧炉的重金属项目都符合《生活垃圾填埋场污染控制标准》（GB 16889—2008）中普通废物

的填埋入场要求，不需要进行处理，但是也有少数指标超标的现场，主要超标项目为 Pb、Ni、As、Hg、Cr^{6+}，其超标的主要原因是垃圾未针对性分选。从飞灰的检测结果看，多项重金属不符合 GB 16889—2008 的填埋入场要求，必须作为危险废物处理。

表 3-7 列出了部分飞灰和炉渣的二噁英浓度。炉渣二噁英浓度为 13.1～757 TEQ ng/kg，均符合 GB 16889—2008 的填埋入场限值要求（3 TEQ μg/kg），三个飞灰样品的二噁英浓度分别 95.5 TEQ ng/kg、3620 TEQ ng/kg 和 1173 TEQ ng/kg，其中之一超过 GB 16889—2008 填埋入场限值要求。参照德国居住地区土壤中二噁英的含量指导标准（1000 TEQ ng/kg），小型焚烧炉的炉渣不需要进行净化处理或封存，但部分炉渣不能直接用于培育果树、豆类和草料等，飞灰则应作危险废物处理。

表 3-6　灰渣重金属浓度　　　　　（单位：mg/L）

序号	Hg	Cu	Zn	Pb	Cd	Be	Ba	Ni	As	Cr	Cr^{6+}	Se
GB 16889—2008	0.05	40	100	0.25	0.15	0.02	25	0.5	0.3	4.5	1.5	0.1
渣 1	0	2.39	27.6	0.74	0.01	0	6.98	3.01	<0.01	0.09	/	0.008
渣 2	0	1.55	33.3	0.84	0.017	0.001	7.59	1.65	<0.01	0.08	/	0.01
渣 3	$4.6×10^{-5}$	$1.79×10^{-4}$	0	$2.03×10^{-4}$	0	0	0.395	0	$9.64×10^{-4}$	1.04	/	0.0119
渣 4	0.009	0.154	0.037	0.035	0.001	0	0.452	0.018	0	0.094	0.062	0.013
渣 5	0.002	0.054	0.008	0.845	0.001	0	1.393	0.003	0.028	0.235	0.233	0.007
渣 6	0	0.015	0	0.004	0.002	0	0.064	0.010	0.067	0.466	0.462	0.001
渣 7	0	0.044	0.043	0	0.002	0	1.218	0.003	0	0.479	0.442	0
渣 8	0	0	0	0.162	0.001	0	2.065	0.002	0.014	0.148	0	0
渣 9	0.182	0.007	0.024	0	0.002	0	0.503	0.211	0.830	2.935	1.683	0.009
渣 10	0	0.12	0.006	0.05	0.003	0.0003	0.89	0.01	0.0008	0.01	/	0.0002
渣 11	0	0.0622	16.33	0.1852	0.0003	0	0.5676	0.1172	0.0586	0.0028	/	/
渣 12	0	2.5713	75.6683	1.2133	0.0512	0.0006	0.4617	0.2064	0.0134	0.1795	/	/
渣 13	0	0.1057	22.5139	0.1044	0.1768	0	0.8831	0.1460	0.1738	0.0254	/	/
渣 14	0	0.1057	22.5139	0.1044	0.1768	0	0.8831	0.1460	0.1738	0.0254	/	/
渣 15	0.02	2.35	44.5	0.239	0.126	0.005	0.434	0.43	0.1	3.76	0.315	$2.65×10^{-3}$
飞灰 1	0.008	7.268	130.719	65.997	15.881	0.003	0.427	1.147	0.194	0.076	0.023	0.007
飞灰 2	0.015	7.327	116.194	76.373	14.179	0.007	0.183	0.419	0.161	0.679	0.257	0.020

表 3-7　灰渣二噁英浓度

检测点	二噁英/(TEQ ng/kg)	
	炉渣	飞灰
炉 1	40.3	/
炉 2	757	3620
炉 3	66.4	/
炉 4	18.9	1173
炉 5	43.9	/
炉 6	13.1	/
炉 7	294	/
炉 8	162	95.5

3.4.2　飞灰处置方法

飞灰处置的常用方法有:经过适当处置后进入危险废物填埋场进行最终处置;固化稳定化,包括水泥固化、熔融固化技术、化学药剂稳定化、沥青固化等,经过固化稳定化处理后的产物,如满足浸出毒性标准或者资源化利用标准,可以进入普通填埋场进行填埋处置或进行资源化利用;将飞灰中的重金属提取,包括酸提取、碱提取、生物及生物制剂提取等方法,经过重金属提取后的飞灰和重金属可以分别进行资源化利用。

(1)水泥固化

水泥固化技术是现在最常用的固化技术之一,其工艺流程见图 3-2,其基本原理在于利用水泥与飞灰混合后形成固化体,从而减少有害物质溶出,降低渗透性,达到稳定化、无害化的目的。水泥固化具有工艺设备简单、操作方便、价格便宜、固化产物强度高等优点[56, 57]。但焚烧飞灰中富含易于常温溶解和高温挥发的重金属,这些重金属常常以氯化物的形式存在,在高温环境中易优先挥发,因此必须解决高温下重金属的稳定化问题、飞灰中氯的限制输入和二噁英的污染控制问题。

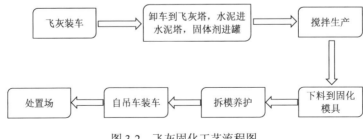

图 3-2　飞灰固化工艺流程图

（2）化学药剂稳定化

化学药剂稳定化是利用化学药剂通过化学反应使其有毒有害物质转变为低溶解性、低迁移率和低毒性的过程。化学药剂稳定化可以长期稳定飞灰中的重金属，稳定性不受微生物活动影响，且消耗的药剂量较少，处理后的废弃物基本实现不增容，但是其成本较高，操作复杂[58]。

（3）熔融固化

熔融固化指将飞灰和细小的玻璃质混合，在高温条件下使飞灰中的有机物燃烧气化，无机物熔融成玻璃质固化体。熔融固化后，重金属能够稳定固化于玻璃体 Si、O 网状结构内。因熔融固化技术具有能耗大、成本高等特点，制约了其在国内的推广和应用。

目前城市生活垃圾大型焚烧的飞灰处置体系比较完善，而农村生活垃圾小型焚烧的飞灰处置率还很低。农村生活垃圾小型焚烧的飞灰也可借鉴城市生活垃圾大型焚烧经验，送危险废物填埋场处置或者经固化处理后送普通填埋场处置。

3.4.3 炉渣处置方法

目前农村生活垃圾小型焚烧产生的炉渣大多储存在厂内或厂边建设的储坑内，不定期的处理，多用于林木种植或者路基填土（图 3-3、图 3-4）。

实际上，炉渣的用途很广，其资源化利用的方法较多。

图 3-3　农村生活垃圾焚烧厂炉渣储存

图 3-4　炉渣筛选后用于林木种植

（1）与沥青或水泥混合作路基及路面料

炉渣通过分拣、筛分后获得合适的粒径，与沥青或水泥及其他骨料混合用作铺装路面工程。基层和黏结层的炉渣含量不宜超过 20%，表层的炉渣含量不宜超过 15%。对这种混合料进行金属元素浸出的跟踪测试，发现其 Pb、Cr 和 Zn 等的释放量较低。利用其对环境和人类健康的影响及生命周期评价，发现只要管理技术恰当，这种混料利用的所有风险均低于可接受风险的标准值，炉渣中最有可能存在潜在危险的 Pb 的浸出量也远低于标准值，有效地避免了对环境的二次污染[59]。

（2）填埋场的覆盖材料

一些具有防渗层及渗滤液回收系统的填埋场，炉渣可以不经过处理直接作为覆盖材料。

（3）废水处理中的利用

沸石被广泛用于废水处理中，沸石中主要结晶成分是铝硅酸盐，而炉渣中恰好含有大量的铝硅酸盐，且炉渣的孔隙率和比表面积较大，因此经常被用来作为生物填料对废水进行吸附处理。炉渣在除磷方面有着显著的优势，主要通过化学转化和物理吸附两种方法。炉渣的粒径越小，除磷效果越好[60]。

（4）制免烧砖

焚烧炉渣可作为主要原料生产免烧砖。目前，国家大力推广和应用新型墙材，而焚烧炉渣制成的免烧砖是一种环保材料，不仅可以利用大量生活垃圾焚烧产生的炉渣，而且节约资源、能源和各项建设费用。

3.5　废水处理技术

农村生活垃圾小型焚烧有两个环节可能会产生废水，一是烟气接触式急冷过程，二是烟气湿法净化工艺。产生的废水普遍通过循环池储存，长时间循环使用，导致废水中二噁英、重金属及化学需氧量较高（图 3-5）。考虑成本问题，农村地区采取复杂的工艺进行废水处理难以承受，有些地方将废水浓缩或与灰渣混合固化干燥后作固废处理，也有些地方进行简单的化学处理后外排。

图 3-5　农村生活垃圾小型焚烧配套废水循环池

此外，部分燃烧温度不高的焚烧炉还会产生焦油。焦油可以采取回炉焚烧的方式处理。

第4章 农村生活垃圾小型焚烧的大气环境影响

为了评估农村生活垃圾小型焚烧设施对周边大气环境的影响，国家环保公益性行业科研专项"农村垃圾焚烧污染控制与监管技术研究"从焚烧设施周边大气特征污染物现状、大气污染物数值模拟以及大气环境影响三个方面开展研究。目前农村生活垃圾小型焚烧设施参差不齐，为了较为全面地了解不同焚烧设施对周边大气环境影响程度，选取了具有较强代表性的3个垃圾小型焚烧设施（设施A、设施B、设施C）作为研究对象，设施A同时存在垃圾焚烧炉及露天焚烧的共同影响；设施B代表了目前农村生活垃圾小型焚烧的普通水平，在选址、焚烧及烟气污染控制技术水平、运行管理等方面都具有典型代表性；设施C则是土法焖烧的典型代表。

大气特征污染物的现场观测布点按照《环境空气质量标准》（GB 3095—2012）、《空气和废气监测分析方法》和《环境监测技术规范》（大气部分）有关规定进行采样、分析。监测期间同步进行气象观测。大气污染物数值模拟采用稳态烟羽扩散模式 AERMOD 模拟，模拟对象为江西修水县大桥镇垃圾焚烧厂。研究中收集垃圾焚烧源参数、气象参数、区域下垫面参数等数据，输入大气污染物扩散模式 AERMOD 进行计算，模拟垃圾焚烧产生的大气污染物的扩散过程，结合相关环境质量标准，评估大气污染物对周边环境的影响。

4.1 农村生活垃圾小型焚烧设施周边大气特征污染物环境现状

为了了解农村地区生活垃圾小型焚烧设施对周边大气环境的影响现状，选取在设施A、设施B、设施C下风向开展环境二噁英观测。同时在设施A下风向开展重金属观测。

4.1.1　监测点位

（1）设施 A 二噁英环境监测点

设施 A 二噁英环境监测点选在一住户家屋顶，该住户处于垃圾焚烧厂及垃圾露天焚烧点的下风向（采样当天），直线距离约 400 m（图 4-1）。该垃圾焚烧厂燃烧状况稳定、烟气净化系统完善，但是焚烧厂边垃圾堆放场的垃圾一直处于露天焚烧状态。

图 4-1　设施 A 环境二噁英监测点

（2）设施 B 环境二噁英监测点

设施 B 二噁英环境监测点选在一农户家的菜地上，该菜地处于垃圾焚烧厂的下风向（采样当天），直线距离约 300 m（图 4-2）。垃圾焚烧厂采用立式焚烧炉，烟气净化系统以简易湿法（多级）+活性炭吸附工艺为主。这一技术配置较为常见，除贵州外，在安徽、湖北、江西、四川等多个省份应用较多。

图 4-2　设施 B 环境二噁英监测点

（3）设施 C 二噁英环境监测点

设施 C 二噁英环境监测点选在一养鸡场门口，该养鸡场处于土法焖烧炉的下风向（采样当天），直线距离约 300 m（图 4-3）。该土法焖烧炉燃烧状况较差，并且烟气净化系统简陋。

图 4-3　设施 C 环境二噁英监测点

（4）重金属监测点

环境重金属布点监测选择设施 A 下风向进行，污染源监测点选在垃圾焚烧厂内，环境敏感点选在一住户家屋顶，该住户处于垃圾焚烧厂及垃圾露天焚烧点的下风向（采样当天），直线距离约 400 m（图 4-4）。该垃圾焚烧厂燃烧状况稳定、烟气净化系统完善，但是焚烧厂边垃圾堆放场的垃圾一直处于露天焚烧状态。

图 4-4　环境重金属监测点

4.1.2　采样方法

使用大流量颗粒物采样器开展上述三个点位的二噁英样品采集，采样器流量为 1 m³/min，每个采样点连续采集 1～3 天，获得总悬浮颗粒物样品。每个样品采集时间为 23 小时。滤膜为石英滤膜。

使用小流量采样器在重金属监测点采集连续 7 天的 $PM_{2.5}$ 样品。每个样品采集时间为 23 小时。滤膜为特氟龙（Teflon）材质。

采样期间避开特殊天气，如雨、雪、大风天气，同步进行主要气象因子（风速、风向、温度、湿度、降雨量、大气压）的观测。

4.1.3　化学分析方法

对环境 $PM_{2.5}$ 的重金属采用电感耦合等离子体质谱（ICP-MS）进行分析，二噁英采用高分辨气相色谱/高分辨双聚焦磁质谱（HRGC/HRMS）进行分析。

4.1.4　大气特征污染物环境现状评价

大气环境中二噁英浓度结果见表 4-1。由表 4-1 可知，设施 A 敏感点虽然距离污染源距离略远，但环境二噁英浓度最高，均值达到 2.35 TEQ pg/m³，很可能与露天焚烧带来的严重污染有关。设施 B 敏感点环境二噁英浓度最低，均值为 0.082 TEQ pg/m³，低于我国参照的日本标准（0.6 TEQ pg/m³）。设施 C 敏感点环境二噁英浓度较高，达到 1.362 TEQ pg/m³，是日本标准的两倍。三个敏感点的环境二噁英浓度对比表明，露天焚烧、土法焖烧均会带来严重污染，其二噁英排放对周围敏感点的影响极大。简易焚烧虽然焚烧技术及烟气污染控制技术有待提升，但其二噁英排放对周边敏感点的影响较小。

表 4-1　环境二噁英采样分析结果

监测对象	污染源	实测浓度/(pg/m³)	毒性当量/TEQ pg/m³
设施 A	露天焚烧+垃圾焚烧厂	15.4	1.54
		25.8	2.28
		35.1	3.22
设施 B	简易焚烧厂	0.93	0.060
		0.72	0.104
设施 C	土法焖烧	10.5	1.362

设施 A 环境空气重金属采样分析结果见表 4-2 和图 4-5。敏感点环境空气中的重金属 Hg 显著高于《环境空气质量标准》（GB3095—2012）的年均值二级标准，As、Cd、Pb 的浓度显著低于年均值二级标准，Mn 的浓度显著低于《工业企业设计卫生标准》（TJ 36—79）表 1 中的日均值。

表 4-2　环境空气重金属浓度

重金属元素	敏感点/(μg/m³)	污染源监测点/(μg/m³)	GB3095—2012 年均值/TJ 36—79 日均值	敏感点与污染源监测点重金属浓度比
As	0.002	0.004	0.006	0.50
Cd	0.003	0.012	0.005	0.25
Pb	0.045	0.078	0.5	0.58
Mn	0.017	0.042	10	0.40
Hg	0.232	0.897	0.05	0.26
Bi	0.007	0.08	/	0.09
Cr	0.02	0.001	/	20.00
Co	0.011	0.021	/	0.52

续表

重金属元素	敏感点/(μg/m³)	污染源监测点/(μg/m³)	GB3095—2012 年均值/TJ 36—79 日均值	敏感点与污染源监测点重金属浓度比
Cu	0.008	0.086	/	0.09
Ni	0.012	0.025	/	0.48
Sb	0.036	0.115	/	0.31
Sn	0.005	0.23	/	0.02
V	0.033	0.021	/	1.57
Zn	4.297	0.334	/	12.87

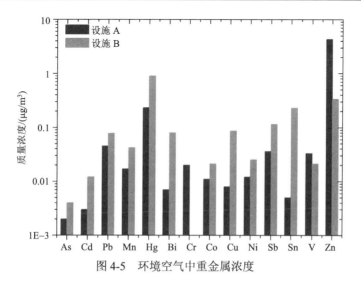

图 4-5　环境空气中重金属浓度

对比污染源监测点与敏感点采样分析结果发现，敏感点与污染源监测点的重金属浓度整体呈现出正相关性，除 Cr、V、Zn 外，敏感点的 Hg、Sb、Pb、Ni、Mn、Cu、Bi 均低于污染源监测点，表明焚烧厂及垃圾露天焚烧对敏感点的环境重金属浓度产生了较大影响。敏感点 Cr、V、Zn 浓度比污染源监测点高，可能与环境背景值有关。

4.2　常规大气污染物的数值模拟

4.2.1　空气质量模型及参数设置

空气质量模型指的是以大气动力学理论为基础，基于对大气物理和化学过程的理解，建立大气污染物浓度在空气中抬升、输送、扩散、沉降和化学转化的数学方程组，利用数值方法再解析方程组，从而预测出污染物在大气中随时间空间的变化。

选取 AERMOD 模式进行模拟预测。AERMOD 模式作为《环境影响评价技术导则　大气环境》（HJ2.2—2018）推荐模式，在各类工业企业环境影响评价中得到了广泛的应用。AERMOD 由美国国家环保局联合美国气象学会组建法规模式改善委员会（AERMIC）开发。AERMIC 的目标是开发一个能完全替代第三代稳态高斯烟羽模型（ISCST3）的法规模型，假设污染物的浓度分布在一定程度上服从高斯分布。模式系统可用于多种排放源（包括点源、面源和体源），也适用于乡村环境和城市环境、平坦地形和复杂地形、地面源和高架源等多种排放扩散情形的模拟和预测。AERMOD 模式系统包括 2 个预处理模式，即 AERMET 气象预处理和 AERMAP 地形预处理。AERMET 的尺度参数和边界层廓线数据可以直接由输入的现场观测数据确定，也可以由输入的气象局的常规气象数据生成。尺度参数和边界层廓线数据经过 AERMOD 中的接口进入 AERMOD 后，给出相似参数，同时对边界层廓线数据进行内插。最后，将平均风速 u、水平向及垂向湍流量脉动（σv, σw）、温度梯度 $d\theta/dz$、位温 θ、水平拉格朗日时间尺度 TLy 等数据输入扩散模式，并计算出质量浓度。AERMOD 模式系统流程如图 4-6 所示。

AERMOD 具有下述特点：以行星边界层湍流结构及理论为基础。按空气湍流结构和尺度概念，湍流扩散由参数化方程给出，稳定度用连续参数表示；中等浮力通量对流条件采用非正态的概率密度函数模式；考虑了对流条件下浮力烟羽和混合层顶的相互作用；对简单地形和复杂地形进行了一体化的处理；包括处理夜间城市边界层的算法。

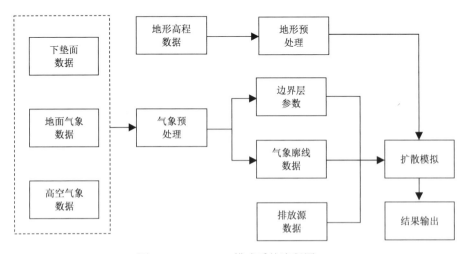

图 4-6　AERMOD 模式系统流程图

4.2.2 区域气候特征

修水县属亚热带季风气候，气候普遍温和，四季分明。冬季冷凉，时有霜雪。夏季炎热，常有干旱发生。春秋季相对较短。降水充沛，年降水量超过 1600 mm，主要集中在春季和夏季。修水至今保持着中国除新疆外的最高气温纪录，1953 年8 月 15 日，该县最高气温达到 44.9℃。修水县站多年月平均降水量在 43.7～266.8 mm，月平均气温在 4.6～28.1℃，月平均相对湿度在 80%左右。区域常年主导风向为偏北风，风速较小。具体气候参数见表 4-3。大气预测输入气象数据为修水气象站2013～2015 年逐日逐时地面常规气象资料，包括风向、风速、总云、低云、干球温度等。

表 4-3 修水气象站（区站号：57598）气候参数表（1981～2010 年）

月份	月平均海平面气压/(×10² Pa)	月平均气温/℃	月平均相对湿度/%	月平均降水量/mm	月最多降水量/mm	月平均风速/(m/s)	月最多风向（含静风）	月最多风向频率（含静风）/%
1	1026.7	4.6	79	76.9	172.1	1	17	44
2	1023.7	6.9	79	96.1	197.7	1.1	17	42
3	1019.6	10.7	80	147.9	374.9	1.1	17	40
4	1014.4	16.8	80	217.5	479.1	1.1	17	42
5	1010.1	21.6	80	211.1	401.4	1	17	44
6	1005.6	24.9	82	266.8	629.2	1	17	45
7	1004.1	28.1	78	186.2	594.5	1.1	17	44
8	1005.8	27.3	80	120.7	437	1	17	43
9	1012.5	23.6	79	84.2	202.7	1	17	43
10	1019.4	18.1	78	73.6	166.9	1	17	44
11	1023.8	11.9	79	77.4	271.5	0.9	17	46
12	1027.1	6.5	77	43.7	136.4	0.9	17	47

4.2.3 焚烧厂周边地形

AERMOD 地形处理模型为 AERMAP，地形资料使用美国国家航空航天局和国防部国家测绘局联合测量的 90 m 分辨率的 SRTM3 地形数据资料，焚烧中心周边地形见图 4-7。地形图表明焚烧中心处在一个狭长的谷地地形里，南北 2 km 以外均为山地。

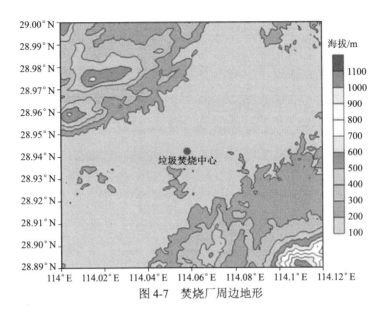

图 4-7　焚烧厂周边地形

4.2.4　预测因子及评价标准

焚烧厂排放的污染物如 SO_2、NO_2、PM_{10}、$PM_{2.5}$、氟化物、HCl、重金属（Hg、Cd、Pb、Mn、As）的环境质量标准参考《环境空气质量标准》（GB3095—2012）和《工业企业设计卫生标准》（GBZ 1—2010），具体执行标准见表 4-4。

表 4-4　各污染物的评价标准列表

污染物名称	日均值/(μg/m³)	年均值/(μg/m³)	选用标准
SO_2	150	60	
NO_2	80	40	
PM_{10}	150	70	
$PM_{2.5}$	75	35	
Pb	—	0.5	《环境空气质量标准》（GB3095—2012）
Cr	—	0.005	
As	—	0.006	
Cr	—	0.000 025	
氟化物	7	—	
HCl	15	—	《工业企业设计卫生标准》
Mn	10	—	（GBZ 1—2010）

4.2.5　预测范围及网格化设计

为了充分评估垃圾焚烧中心对周边环境的影响，评价范围以焚烧厂的烟囱为中心[坐标为（28.95°N,114.06°E），相对坐标为（0，0）]，向四面各延伸 6 km，网格距为 100 m。

4.2.6　排放源参数

大气预测主要考虑垃圾焚烧中心废气排放对周边环境的影响。大气预测采用的排放源参数见表 4-5。

表 4-5　垃圾焚烧中心大气污染物排放源参数

参数类型	项目	排放强度
排气筒参数	高度/m	15
	内径/m	0.42
	烟气出口温度/℃	71.8
	实际工况烟气量/(m³/h)	3331
排放速率	PM_{10}/(kg/h)	0.25
	$PM_{2.5}$/(kg/h)	0.16
	SO_2	0.13
	NO_x（以 NO_2 计）/(kg/h)	0.30
	F/(kg/h)	0.007
	HCl/(kg/h)	0.14
	As/(kg/h)	0.000 5
	Cd/(kg/h)	0.000 09
	Pb/(kg/h)	0.002 4
	Cr/(kg/h)	0.001 7
	Mn/(kg/h)	0.000 17

4.2.7　预测情景与内容

参考《环境影响评价技术导则　大气环境》的要求，设定了大气模拟的情景和预测内容，具体为：①全年逐日气象条件下，环境空气保护目标、网格点处的地面浓度和评价范围内所有预测因子的最大地面日平均浓度；②长期气象条件下，环境空气保护目标、网格点处得地面浓度和评价范围内所有预测因子的最大地面年平均浓度。

4.2.8 模拟结果

在进行模拟计算时从保守出发，不再考虑各类污染物的化学转化过程。

（1）颗粒物

焚烧厂对周边环境颗粒物（PM_{10} 和 $PM_{2.5}$）的日均浓度和年均浓度贡献值见表 4-6 和表 4-7。PM_{10} 贡献浓度分布见图 4-8 和 4-9，其他污染物浓度特征可以根据源强类比，浓度空间分布与 PM_{10} 类似。

表 4-6　PM_{10} 和 $PM_{2.5}$ 日均浓度前十位及其占标率

排名	PM_{10} 日均浓度 /(μg/m³)	占标率/%	$PM_{2.5}$ 日均浓度/(μg/m³)	占标率/%	出现时间	相对坐标（x, y）
1	3.5	2.3	2.2	3.0	2014-10-28	（−10，−180）
2	3.5	2.3	2.2	3.0	2014-02-22	（247，−739）
3	3.4	2.3	2.2	2.9	2014-08-11	（−10，−180）
4	3.3	2.2	2.2	2.9	2014-10-28	（7，−182）
5	3.2	2.1	2.1	2.7	2015-10-07	（106，−64）
6	3.2	2.1	2.1	2.7	2015-10-07	（107，−82）
7	3.1	2.1	2.0	2.7	2014-08-11	（−27，−176）
8	3.1	2.1	2.0	2.7	2014-02-04	（−10，−180）
9	3.1	2.1	2.0	2.7	2013-07-01	（−43，5）
10	3.0	2.0	2.0	2.6	2014-06-24	（−27，−176）

表 4-7　PM_{10} 和 $PM_{2.5}$ 年均浓度前十位及其占标率

排名	PM_{10} 年均浓度 /(μg/m³)	占标率/%	$PM_{2.5}$ 年均浓度 /(μg/m³)	占标率/%	相对坐标（x, y）
1	0.9	1.3	0.6	1.6	（−10，−180）
2	0.8	1.2	0.5	1.5	（−27，−176）
3	0.8	1.2	0.5	1.5	（7，−182）
4	0.7	1.0	0.5	1.3	（−43，−168）
5	0.7	1.0	0.4	1.2	（25，−180）
6	0.6	0.8	0.4	1.1	（−57，−158）
7	0.5	0.8	0.3	1.0	（42，−176）
8	0.5	0.7	0.3	0.9	（7，−282）
9	0.5	0.7	0.3	0.9	（−27，−279）
10	0.5	0.7	0.3	0.9	（−69，−146）

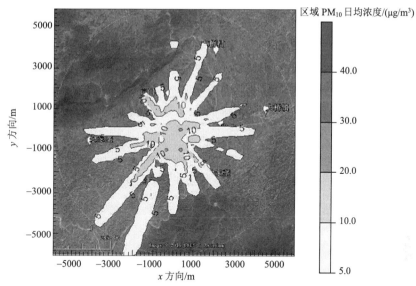

图 4-8　焚烧厂对周边环境 PM_{10} 日均浓度贡献分布图（其他污染物分布类似）

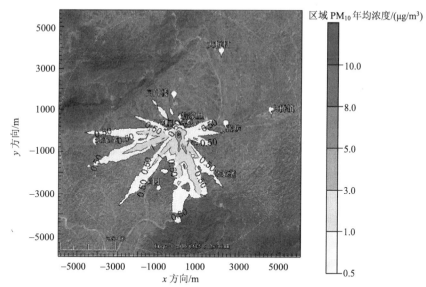

图 4-9　焚烧厂对周边环境 PM_{10} 年均浓度贡献分布图（其他污染物分布类似）

由表 4-6 和表 4-7 可知，焚烧厂对周边环境 PM_{10} 日均浓度的最大贡献值为 3.5 $\mu g/m^3$，占标率为 2.3%；对周边环境 PM_{10} 年均浓度的最大贡献值为 0.9 $\mu g/m^3$，占标率为 1.3%。焚烧厂对周边环境 $PM_{2.5}$ 日均浓度的最大贡献值为 2.2 $\mu g/m^3$，占标率为 3.0%；对周边环境 $PM_{2.5}$ 年均浓度的最大贡献值为 0.6 $\mu g/m^3$，占标率为 1.6%。总的来说，焚烧厂对周边环境颗粒物浓度的影响较大。

（2）酸性气体

焚烧厂对周边环境酸性气体（SO_2、NO_2、氟化物和 HCl）的日均浓度和年均浓度贡献值见表 4-8、表 4-9 和表 4-10。

表 4-8　SO_2 和 NO_2 日均浓度前十位及其占标率

排名	SO_2 日均浓度 /(μg/m³)	占标率/%	NO_2 日均浓度 /(μg/m³)	占标率/%	出现时间	相对坐标（x, y）
1	1.85	1.24	4.28	5.35	2014-10-28	（−10，−180）
2	1.85	1.23	4.26	5.33	2014-02-22	（247，−739）
3	1.81	1.21	4.18	5.23	2014-08-11	（−10，−180）
4	1.77	1.18	4.09	5.12	2014-10-28	（7，−182）
5	1.70	1.14	3.93	4.91	2015-10-07	（106，−64）
6	1.69	1.13	3.91	4.88	2015-10-07	（107，−82）
7	1.68	1.12	3.88	4.84	2014-08-11	（−27，−176）
8	1.66	1.11	3.84	4.80	2014-02-04	（−10，−180）
9	1.65	1.10	3.81	4.77	2013-07-01	（−43，5）
10	1.62	1.08	3.74	4.67	2014-06-24	（−27，−176）

表 4-9　氟化物和 HCl 日均浓度前十位及其占标率

排名	氟化物日均浓度 /(μg/m³)	占标率/%	HCl 日均浓度 /(μg/m³)	占标率/%	出现时间	相对坐标（x, y）
1	0.100	1.43	2.00	13.32	2014-10-28	（−10，−180）
2	0.099	1.42	1.99	13.26	2014-02-22	（247，−739）
3	0.098	1.39	1.95	13.00	2014-08-11	（−10，−180）
4	0.096	1.36	1.91	12.74	2014-10-28	（7，−182）
5	0.092	1.31	1.83	12.21	2015-10-07	（106，−64）
6	0.091	1.30	1.82	12.16	2015-10-07	（107，−82）
7	0.090	1.29	1.81	12.06	2014-08-11	（−27，−176）
8	0.090	1.28	1.79	11.94	2014-02-04	（−10，−180）
9	0.089	1.27	1.78	11.87	2013-07-01	（−43，5）
10	0.087	1.25	1.74	11.63	2014-06-24	（−27，−176）

表 4-10　SO_2 和 NO_2 年均浓度前十位及其占标率

排名	SO_2 年均浓度 /(μg/m³)	占标率/%	NO_2 最大年均浓度 /(μg/m³)	占标率/%	相对坐标（x, y）
1	0.46	0.77	1.06	2.64	（−10，−180）
2	0.44	0.73	1.01	2.54	（−27，−176）
3	0.42	0.70	0.97	2.43	（7，−182）
4	0.39	0.64	0.89	2.22	（−43，−168）
5	0.36	0.59	0.82	2.06	（25，−180）

续表

排名	SO_2 年均浓度 /$(\mu g/m^3)$	占标率/%	NO_2 最大年均浓度/$(\mu g/m^3)$	占标率/%	相对坐标 (x, y)
6	0.31	0.52	0.72	1.79	$(-57, -158)$
7	0.29	0.48	0.66	1.65	$(42, -176)$
8	0.27	0.45	0.62	1.55	$(7, -282)$
9	0.26	0.43	0.60	1.51	$(-27, -279)$
10	0.25	0.41	0.57	1.42	$(-69, -146)$

由表 4-8~表 4-10 可知，焚烧厂对周边环境 SO_2 日均浓度的最大贡献值为 1.85 $\mu g/m^3$，占标率为 1.24%；对周边环境 SO_2 年均浓度的最大贡献值为 0.46 $\mu g/m^3$，占标率为 0.77%。焚烧厂对周边环境 NO_2 日均浓度的最大贡献值为 4.28 $\mu g/m^3$，占标率为 5.35%；对周边环境 NO_2 年均浓度的最大贡献值为 1.06 $\mu g/m^3$，占标率为 2.64%。焚烧厂对周边环境氟化物日均浓度的最大贡献值为 0.100 $\mu g/m^3$，占标率为 1.43%。焚烧厂对周边环境 HCl 日均浓度的最大贡献值为 2.00 $\mu g/m^3$，占标率为 13.32%。

总体来讲，焚烧厂对周边环境 SO_2、NO_2 和氟化物浓度的影响较小，对 HCl 的影响较大。

（3）重金属

焚烧厂对周边环境重金属（Cd、Pb、Cr、As 和 Mn）的贡献浓度见表 4-11 和表 4-12。由表 4-11 和表 4-12 可知，焚烧厂对周边环境 Cd 年均浓度的最大贡献值为 0.32 ng/m^3，占标率为 6.35%。焚烧厂对周边环境 Pb 年均浓度的最大贡献值为 8.70 ng/m^3，占标率为 1.72 %。焚烧厂对周边环境 Cr 年均浓度的最大贡献值为 5.98 ng/m^3。鉴于国家标准 Cr 的相关指标为六价铬，因此在此不作评价。另外需要指出的是，一般城市环境中 Cr 年均浓度大概为 10 ng/m^3，因此某种程度上，焚烧厂排放的 Cr 对周边环境的背景值贡献应该比较大。

焚烧厂对周边环境 As 年均浓度的最大贡献值为 1.90 ng/m^3，占标率为 31.27%。受到燃煤影响的北方城市大气环境中 As 年均浓度为 10~20 ng/m^3，因此焚烧厂排放的 As 对周边环境的背景值贡献也相对较大。

焚烧厂对周边环境 Mn 日均浓度的最大贡献值为 2.50 g/m^3，占标率为 0.03%。

总体来讲，焚烧厂对周边环境重金属浓度的影响较大，特别是 Cr 和 As 的影响更为明显，占环境背景值或国家标准的比例相对较高，需要进一步加强控制。

表 4-11　重金属 Cd、Pb、Cr 和 As 前十位年均浓度及其占标率

排名	Cd 年均浓度/(ng/m³)	占标率/%	Pb 年均浓度/(ng/m³)	占标率/%	Cr 年均浓度/(ng/m³)	占标率/%	As 年均浓度/(ng/m³)	占标率/%	相对坐标（x, y)
1	0.32	6.35	8.70	1.72	5.98	/	1.90	31.27	（−10，−180）
2	0.31	6.08	8.10	1.65	5.72	/	1.82	29.95	（247，−739）
3	0.29	5.84	7.80	1.58	5.46	/	1.75	28.76	（−10，−180）
4	0.27	5.33	7.20	1.44	4.94	/	1.60	26.24	（7，−182）
5	0.25	4.94	6.60	1.34	4.68	/	1.44	24.32	（106，−64）
6	0.22	4.31	5.70	1.16	4.03	/	1.29	21.21	（107，−82）
7	0.20	3.97	5.40	1.07	3.77	/	1.14	19.53	（−27，−176）
8	0.18	3.72	5.10	1.01	3.51	/	1.06	18.33	（−10，−180）
9	0.18	3.63	4.80	0.98	3.38	/	1.06	17.85	（−43，5）
10	0.16	3.41	4.50	0.92	3.25	/	0.99	16.77	（−27，−176）

表 4-12　重金属 Mn 前十位日均浓度及其占标率

排名	Mn 日均浓度/(ng/m³)	占标率/%	出现时间	相对坐标（x, y)
1	2.50	0.03	2014-10-28	（−10，−180）
2	2.49	0.02	2014-02-22	（247，−739）
3	2.44	0.02	2014-08-11	（−10，−180）
4	2.39	0.02	2014-10-28	（7，−182）
5	2.29	0.02	2015-10-07	（106，−64）
6	2.28	0.02	2015-10-07	（107，−82）
7	2.26	0.02	2014-08-11	（−27，−176）
8	2.24	0.02	2014-02-04	（−10，−180）
9	2.23	0.02	2013-07-01	（−43，5）
10	2.18	0.02	2014-06-24	（−27，−176）

4.3　农村生活垃圾小型焚烧设施对大气环境影响的综合评价

　　基于农村生活垃圾小型焚烧设施周边大气环境中二噁英和重金属的监测结果，发现露天焚烧和土法焖烧设施周边环境空气中二噁英平均浓度分别达到 2.35 TEQ pg/m³ 和 1.362 TEQ pg/m³，显著高于简易焚烧设施周边环境空气中二噁英的平均浓度（0.082 TEQ pg/m³）。由此可见，露天焚烧、土法焖烧带来的二噁英污染更为严重。尽管简易焚烧技术及烟气污染控制技术有待提升，但其二噁英排放对周边敏感点的影响较小，低于日本年均值标准（0.6 TEQ pg/m³）。因此，

禁止露天焚烧和土法焖烧，提高焚烧设施的档次与技术水平是解决我国农村地区生活垃圾的重要途径。从重金属现状监测资料可知，环境大气颗粒物中 Hg 浓度显著高于《环境空气质量标准》（GB3095—2012）的年均值二级标准，气态中 Hg 浓度可能更高，因此垃圾焚烧前进行垃圾分类显得非常必要。

根据常规大气污染物数值模拟结果，江西九江修水县大桥镇的垃圾焚烧厂对周边环境的影响主要集中在重金属，对周围环境中颗粒物和酸性气体（HCl 除外）的浓度影响较小，但对周围环境重金属 Cr 和 As 的浓度影响相对较大。

综合来讲，加强垃圾分类、提高我国农村地区生活垃圾小型焚烧设施工艺水平，可以在对周边大气环境影响较小的前提下解决农村地区生活垃圾问题。

第5章　农村生活垃圾小型焚烧监管现状

5.1　农村生活垃圾小型焚烧设施监管政策

5.1.1　法律法规体系

我国已形成以《中华人民共和国宪法》（以下简称《宪法》）为基础，以《中华人民共和国环境保护法》（以下简称《环保法》）为主体，各种法律、行政法规、地方法规、规章互相配合的环境法律体系，包括 31 部与环境保护相关的法律，41 部相关的行政法规，77 部相关部门规章以及多项地方环境保护、资源管理法规。与垃圾处理相关的法律法规主要针对城市垃圾处理，有关农村生活垃圾处理的法律条文也只是分散在少部分法律的少数章节之中。

1. 我国农村生活垃圾处理立法现状

《宪法》第二十六条规定："国家保护和改善生活环境和生态环境，防治污染和其他公害。"《宪法》将环境保护作为一项宪法原则确立下来，是我国环境保护和污染防治的根本依据，也是将农村生活垃圾污染环境防治纳入法制轨道的根本依据。

《环保法》是我国环境保护的基本法，在环境保护法律体系中处于核心地位，其中关于污染防治的基本原则和制度规定是我国固体废物（包括农村生活垃圾）污染防治立法的重要组成部分。《环保法》第四十九条规定："各级人民政府及其农业等有关部门和机构应当指导农业生产经营者科学种植和养殖，科学合理施用农药、化肥等农业投入品，科学处置农用薄膜、农作物秸秆等农业废弃物，防止农业面源污染。禁止将不符合农用标准和环境保护标准的固体废物、废水施入农田。施用农药、化肥等农业投入品及进行灌溉，应当采取措施，防止重金属和其他有毒有害物质污染环境。畜禽养殖场、养殖小区、定点屠宰企业等的选址、建设和管理应当符合有关法律法规规定。从事畜禽养殖和屠宰的单位和个人应当采取措施，对畜禽粪便、尸体和污水等废弃物进行科学处置，防止污染环境。县级人民政府负责组织农村生活废弃物的处置工作。"第五十一条规定："各级人民政府应当统筹城乡建设污水处理设施及配套管网，固体废物的收集、运输和处置等环境卫生设施，危险废物集中处置设施、场所以及其他环境保护公共设施，并保障其正常运行。"

《中华人民共和国固体废物污染环境防治法》（以下简称《固废法》）于1995 年发布，是我国防治固体废物污染环境的法律基础。《固废法》第四十九条规定："农村生活垃圾污染环境防治的具体办法，由地方性法规规定。"这也是《固废法》中唯一一条关于农村生活垃圾污染环境防治的直接规定。

此外，《中华人民共和国清洁生产促进法》《中华人民共和国循环经济促进法》等法律中也有关于减少和避免污染物的产生以及进行减量化、再利用、资源化等规定。

2. 农村生活垃圾处理地方性法规现状

我国国体废弃物污染防治地方法规见表 5-1。

《固废法》将农村生活垃圾防治交由地方性法规规定，这意味着地方性法规应在农村生活垃圾治理中发挥重要作用。同时，我国幅员辽阔，各地实际情况千差万别，因此地方农村生活垃圾治理问题的解决有赖于地方法规的支撑。目前，北京、广东、江苏、福建、浙江、四川、河南、辽宁等出台了固体废弃物污染环境防治法规，湖南省公开了《湖南省固体废物污染环境防治条例》草案。广东省还出台了《广东省城乡生活垃圾处理条例》，江苏省也公开了草案。这些地方法规大多存在涉及农村生活垃圾处理的条款。

表 5-1　我国固体废弃物污染防治地方法规

省（直辖市）	法规	颁布年份	主要涉及条款
北京	《北京市生活垃圾管理条例》	2011 年颁布，2019 年修正	第四条、第四十九条
广东	《广东省城乡生活垃圾处理条例》	2015 年	第二十四条、第二十五条、第三十条、第三十七条
	《广东省固体废物污染环境防治条例》	2004 年颁布，2012 年、2018 年修正	无
江苏	《江苏省固体废物污染环境防治条例》	2009 年颁布，2017 年修正	第四条、第二十三条、第二十四条
	《江苏省城乡生活垃圾处理条例（草案）》		第十四条、第十五条、第二十六条、第二十八条、第三十二条、第三十四条

续表

省（直辖市）	法规	颁布年份	主要涉及条款
福建	《福建省固体废物污染环境防治若干规定》	2009 年	第十三条
浙江	《浙江省固体废物污染环境防治条例》	2006 年颁布，2013 年、2017 年修正	第二十五条
四川	《四川省固体废物污染环境防治条例》	2013 年	第五条、第十八条
河南	《河南省固体废物污染环境防治条例》	2011 年	第二十九条
辽宁	《辽宁省固体废物污染环境防治办法》	2001 年颁布，2004 年、2011 年、2013 年、2017 年修正	无

《北京市生活垃圾管理条例》基本确定了北京市农村生活垃圾城乡一体化处理模式及分类处理原则，其第四条规定："街道办事处和乡镇人民政府负责本辖区内生活垃圾的日常管理工作，指导居民委员会、村民委员会组织动员辖区内单位和个人参与生活垃圾减量、分类工作"。第四十九条规定："区人民政府可以建立农村地区生活垃圾收集运输队伍，或者通过公开招标投标等方式委托具备专业技术条件的单位，负责农村地区的生活垃圾分类收集、运输。农村地区产生的厨余垃圾，应当按照农业废弃物资源化的要求，采用生化处理等技术就地或者集中处理。农村村民日常生活中产生的灰土，应当选择在远离水源和居住地的适宜地点，采用填坑造地等方式处理。"

《广东省城乡生活垃圾处理条例》是我国首个省级城乡生活垃圾处理条例。该法规将农村生活垃圾处理全面纳入法制体系，提出了相对系统、具有一定可操作性的农村生活垃圾处理规定。其第二十四条规定："农村生活垃圾按照以下方式处理：（一）可回收垃圾交由再生资源回收企业回收；（二）有机易腐垃圾应当按照农业废弃物资源化的要求，采用生化处理等技术就地处理，直接还田、堆肥或者生产沼气；（三）低价值可回收物、有害垃圾应当建立收集点，专项回收，集中处理；（四）惰性垃圾实行就地深埋；（五）其他类型的垃圾由市、县（区）统筹处理。"第二十五条规定："城乡结合部或者人口密集的农村的生活垃圾，纳入城市生活垃圾分类收运处理系统。偏远地区或者人口分散的农村的生活垃圾在充分回收、合理利用基础上，因地制宜就近处理；不能就近处理的，应当纳入城市生活垃圾分类收运处理系统。"第三十条规定："自然村应当按照村庄规划以及国家和省的有关技术标准和要求设置围蔽的生活垃圾收集点，并定期清运、清洁、消毒，防止污染环境。"第三十七条规定："城市的单位和个人，应当按照市、县（区）人民政府确定的收费标准缴纳城市生活垃圾处理费。农村地区的生活垃圾处理费，通过政府补贴、社会捐赠、村民委员会筹措等方式筹集。市、县（区）人民政府负责对农村生活垃圾处理的经费保障。生活垃圾处理费应当专项用于生活垃圾的清扫、收集、运输和处置，不得挪作他用。"

《江苏省固体废物污染环境防治条例》基本确定了全省农村生活垃圾组保洁、村收集、乡（镇）转运、县（市、区）集中处置的机制，其第二十三条规定："设区的市、县（市、区）人民政府应当建立和完善农村生活垃圾组保洁、村收集、乡（镇）转运、县（市、区）集中处置的机制，对农村生活垃圾的清扫、收集、运输和处置给予财政补助和支持。乡（镇）人民政府应当加强对农村生活垃圾清扫、收集、转运的组织实施工作。"第二十四条规定："设区的市、县（市、区）人民政府应当统筹规划、建设城乡生活垃圾收集运输体系和无害化处置设施，逐步实现城乡共建共享。"

《福建省固体废物污染环境防治若干规定》提出了"因地制宜"的原则，但也提倡村收集、乡（镇）中转、县（市、区）处置模式。其第十三条规定："乡镇应当建设与其经济发展水平和垃圾处理规模相适应的生活垃圾处置、运输设施。农村生活垃圾处置应当按照县域乡（镇）垃圾处理专项规划，本着因地制宜的原则，提倡实行村收集、乡（镇）中转、县（市、区）处置模式，促进农村生活垃圾处置产业化。县级人民政府负责统筹城乡公共环境卫生资源，推动城镇环境卫生管理和服务向农村延伸。县（市、区）垃圾处理场有条件接收辖区内或者周边乡（镇）、村垃圾的，乡（镇）、村垃圾可以纳入县（市、区）统筹治理。县级以上地方人民政府应当对农村垃圾处置设施设备建设项目以及农村生活垃圾的处置给予财政补助和支持。农村生活垃圾处置可以推行收费制度。"

《浙江省固体废物污染环境防治条例》明确提出了实行村收集、乡镇中转、县（市、区）处置的原则，但也允许偏远山区、海岛的农村就地无害化处理。其第二十五条规定："农村生活垃圾的清扫、收集、运输和处置实行村收集、乡镇中转、县（市、区）处置的原则。乡镇人民政府应当统筹规划并组织建设农村生活垃圾收集设施、垃圾集中存放点和垃圾中转站。不具备集中处置条件的偏远山区、海岛的农村，经县级环境卫生行政主管部门同意，可以就地无害化处理生活垃圾。县级以上人民政府和乡镇人民政府应当对农村生活垃圾的清扫、收集、运输和处置费用给予财政补助和支持。"

《四川省固体废物污染环境防治条例》提出了农村生活垃圾户分类、村收集、镇转运、县处理的方式，其第十八条规定："农村生活垃圾由乡（镇）人民政府指导村（居）民委员会、村民小组建立日常卫生保洁制度，并按照户分类、村收集、镇转运、县处理的方式，纳入城镇垃圾处理系统。"

《河南省固体废物污染环境防治条例》也提出了因地制宜原则及组保洁、村收集、乡（镇）中转、县（市、区）集中处置模式，其第二十九条规定："乡（镇）应当建设与其经济发展水平和垃圾处理规模相适应的生活垃圾处置、运输设施。农村生活垃圾处置应当按照因地制宜的原则，逐步实行户分类、组保洁、村收集、乡（镇）中转、县（市、区）集中处置的模式。"

5.1.2　重要政策文件

从"十二五"开始，农村生活垃圾治理问题受到了越来越多的关注和重视，《国务院关于加强环境保护重点工作的意见》（国发〔2011〕35 号）、《国务院办公厅关于改善农村人居环境的指导意见》（国办发〔2014〕25 号）等重要政策文件中均纳入了关于农村生活垃圾治理的内容，并且十部委联合印发了专门针对农村垃圾治理的《关于全面推进农村垃圾治理的指导意见》（建村〔2015〕170 号），各地也相应地制定了一系列细则。这些政策文件对推动我国农村生活垃圾治理工作具有深远影响。

《国务院关于加强环境保护重点工作的意见》是指导做好当前和今后一个时期环境保护工作的纲领性文件，全文分为全面提高环境保护监督管理水平、着力解决影响科学发展和损害群众健康的突出环境问题、改革创新环境保护体制机制三部分。"加快推进农村环境保护"被列为着力解决的突出环境问题之一，文件中明确提出了加强农村生活垃圾处理设施建设、严格农作物秸秆禁烧管理、推进农业生产废弃物资源化利用、加强农村人畜粪便和农药包装无害化处理等要求。

《国务院办公厅关于改善农村人居环境的指导意见》（以下简称《意见》）明确了到 2020 年我国农村人居环境改善的指导思想、基本原则、重点任务等。《意见》充分考虑了我国农村幅员广阔、各地情况有很大不同的实情，提出了"因地制宜、分类指导"和"量力而行、循序渐进"两个基本原则。"因地制宜、分类指导"要求"按照改善农村人居环境的总体要求，根据各地经济社会发展实际，科学确定不同地区的具体目标、重点、方法和标准。充分发挥地方自主性和创造性，防止生搬硬套和'一刀切'"。"量力而行、循序渐进"要求"按照农村人居环境治理的阶段性规律，立足现有条件和财力可能，区分轻重缓急，优先安排保障农民基本生活条件的项目，有序推进农村人居环境治理，防止大拆大建"。

《意见》还将农村垃圾和污水定位为农村人居环境治理的重点，提出"加快农村环境综合整治，重点治理农村垃圾和污水。推行县域农村垃圾和污水治理的统一规划、统一建设、统一管理，有条件的地方推进城镇垃圾污水处理设施和服务向农村延伸。建立村庄保洁制度，推行垃圾就地分类减量和资源回收利用。深入开展全国城乡环境卫生整洁行动。交通便利且转运距离较近的村庄，生活垃圾可按照'户分类、村收集、镇转运、县处理'的方式处理；其他村庄的生活垃圾可通过适当方式就近处理。离城镇较远且人口较多的村庄，可建设村级污水集中处理设施，人口较少的村庄可建设户用污水处理设施。大力开展生态清洁型小流域建设，整乡整村推进农村河道综合治理"。

《关于全面推进农村垃圾治理的指导意见》（以下简称《指导意见》）由住房和城乡建设部、中央农村工作领导小组办公室、中央精神文明建设指导委员会办公室、国家发展和改革委员会、财政部、环境保护部、农业部、商务部、全国爱国卫生运动委员会办公室、中华全国妇女联合会联合发布。过去针对农村垃圾的政策措施较为零散，而《指导意见》首次将农村生活垃圾、农业生产垃圾和农村工业垃圾等问题统筹治理，是我国首部针对农村垃圾治理的系统性指导文件，不只从时间轴上、任务目标上做了量化指标，更是将具体举措细化部署到位（表5-2）。《指导意见》同样提出要遵循"因地制宜，科学治理"的原则，要求"根据经济社会发展实际情况和自然条件，科学确定不同地区农村垃圾的收集、转运和处理模式，推进农村垃圾就地分类减量和资源回收利用，防止简单照搬城市模式或治理标准'一刀切'"。具体而言，就是要结合我国的实际，从不同地方的发展水平、自然地理条件出发，一些面积大、地理情况复杂、经济欠发达的县市，不能超越经济发展阶段，盲目推行全收全运集中处理。四川、青海、贵州等山区半山区，推行源头分类减量、适度集中处理模式比较适宜，减量后剩余垃圾，可以区分近郊、远郊、偏远村庄，选在县、镇或村进行最终处理。江苏、山东等经济发达、县域面积不大的平原地区，推行城乡一体化模式比较适宜，要将环卫设施、技术和管理模式等城市环卫服务延伸覆盖到镇和村，对农村生活垃圾实行统收统运，集中到县里进行最终处理。

表5-2　《关于全面推进农村垃圾治理的指导意见》的部分要求

章节	具体要求
目标任务	因地制宜建立"村收集、镇转运、县处理"的模式，有效治理农业生产生活垃圾、建筑垃圾、农村工业垃圾等。到2020年全面建成小康社会时，全国90%以上村庄的生活垃圾得到有效治理，实现有齐全的设施设备、有成熟的治理技术、有稳定的保洁队伍、有长效的资金保障、有完善的监管制度；农村畜禽粪便基本实现资源化利用，农作物秸秆综合利用率达到85%以上，农膜回收率达到80%以上；农村地区工业危险废物无害化利用处置率达到95%

续表

章节	具体要求
主要任务二	适合在农村消纳的垃圾应分类后就地减量。果皮、枝叶、厨余等可降解有机垃圾应就近堆肥，或利用农村沼气设施与畜禽粪便以及秸秆等农业废弃物合并处理，发展生物质能源；灰渣、建筑垃圾等惰性垃圾应铺路填坑或就近掩埋；可再生资源应尽可能回收，鼓励企业加大回收力度，提高利用效率；有毒有害垃圾应单独收集，送相关废物处理中心或按有关规定处理
主要任务三	根据村庄分布、经济条件等因素确定农村生活垃圾收运和处理方式，原则上所有行政村都要建设垃圾集中收集点，配备收集车辆；逐步改造或停用露天垃圾池等敞开式收集场所、设施，鼓励村民自备垃圾收集容器。原则上每个乡镇都应建有垃圾转运站，相邻乡镇可共建共享。逐步提高转运设施及环卫机具的卫生水平，普及密闭运输车辆，有条件的应配置压缩式运输车，建立与垃圾清运体系相配套、可共享的再生资源回收体系。优先利用城镇处理设施处理农村生活垃圾，城镇现有处理设施容量不足时应及时新建、改建或扩建；选择符合农村实际和环保要求、成熟可靠的终端处理工艺，推行卫生化的填埋、焚烧、堆肥或沼气处理等方式，禁止露天焚烧垃圾，逐步取缔二次污染严重的简易填埋设施以及小型焚烧炉等。边远村庄垃圾尽量就地减量、处理，不具备处理条件的应妥善储存、定期外运处理

5.1.3 标准体系现状

1. 排放标准

（1）国家标准

《生活垃圾焚烧污染控制标准》（GB 18485—2014）是目前我国关于生活垃圾焚烧污染控制的主要标准，对垃圾焚烧设施的技术要求、运行要求、排放控制要求、监测要求等做出了明确规定。然而，这些要求都是为城市大型垃圾焚烧发电厂量身定做的，不符合农村垃圾焚烧的现实情况，难以适用于农村生活垃圾焚烧设施。

标准规定焚烧处理能力小于 300 t/d 的焚烧厂，其烟囱最低允许高度为 45 m（表 5-3），而实际上大多数农村生活垃圾焚烧厂的规模小、厂区面积小、烟气排放量少、投资有限，并且多数建在人迹罕至的地方，建设高于 45 m 的烟囱不仅难以实现，而且意义不大、徒增成本。

表 5-3　GB 18485—2014 焚烧炉烟囱高度要求

焚烧处理能力（t/d）	烟囱最低允许高度/m
<300	45
≥300	60

注：在同一厂区内如同时有多台焚烧炉，则以各焚烧炉焚烧处理能力总和作为评判依据

GB 18485—2014 规定的烟气污染物限值（表 5-4）已经达到了世界最严水平，但是不符合农村生活垃圾焚烧的实际情况，尤其是规定的二噁英类浓度限值

0.1 ng TEQ/m^3，只有自动化程度高、燃烧稳定、进炉垃圾筛分较好、尾气处理系统非常完善的大型垃圾焚烧厂以较高的运行成本为代价才能达到，而大部分农村地区的垃圾焚烧厂经济投入、技术水平、运营维护水平尚难以支撑这一限值达标。此外，二噁英监测价格高、技术要求高，在农村地区难以全面、频繁实施。

表 5-4　GB 18485—2014 生活垃圾焚烧炉排放烟气中污染物限值

序号	污染物项目	限值	取值时间
1	颗粒物（NO$_x$）/(mg/m^3)	30	1 小时均值
		20	24 小时均值
2	氮氧化物（NO$_x$）/(mg/m^3)	300	1 小时均值
		250	24 小时均值
3	二氧化硫（SO$_2$）/(mg/m^3)	100	1 小时均值
		80	24 小时均值
4	氯化氢（HCl）/(mg/m^3)	60	1 小时均值
		50	24 小时均值
5	汞及其化合物（以 Hg 计）/(mg/m^3)	0.05	测定均值
6	镉、铊及其化合物（以 Cd+Tl 计）/(mg/m^3)	0.1	测定均值
7	锑、砷、铅、铬、钴、铜、锰、镍及其化合物（以 Sb+As+Pb+Cr+Co+Cu+Mn+Ni 计）/(mg/m^3)	1.0	测定均值
8	二噁英类/（TEQ ng/m^3）	0.1	测定均值
9	一氧化碳（CO）/(mg/m^3)	100	1 小时均值
		80	24 小时均值

（2）地方标准

目前北京和上海制定了垃圾焚烧大气污染物排放标准，北京市《生活垃圾焚烧大气污染物排放标准》（DB11 502—2008）于 2008 年 1 月 1 日实施，于 2017 年 12 月 22 日废止，废止后要求该市的生活垃圾焚烧污染排放控制执行国家标准《生活垃圾焚烧污染控制标准》（GB 18485—2014）。上海市《生活垃圾焚烧大气污染物排放标准》（DB 31/768—2013）于 2014 年 1 月 1 日实施，其限值相较 GB 18485—2014 则全面收严（表 5-5）。

表 5-5　DB 31/768—2013 生活垃圾焚烧炉大气污染物排放限值

序号	污染物项目	限值	取值时间
1	颗粒物（NO$_x$）/(mg/m^3)	10	1 小时均值
		10	日均值
2	氮氧化物（NO$_x$）/(mg/m^3)	250	1 小时均值
		200	日均值

续表

序号	污染物项目	限值	取值时间
3	二氧化硫（SO$_2$）/(mg/m³)	100	1 小时均值
		50	日均值
4	氯化氢（HCl）/(mg/m³)	50	1 小时均值
		10	日均值
5	汞及其化合物（以 Hg 计）/(mg/m³)	0.05	测定均值
6	镉、铊及其化合物（以 Cd+Tl 计）	0.05	测定均值
7	锑、砷、铅、铬、钴、铜、锰、镍及其化合物（以 Sb+As+Pb+Cr+Co+Cu+Mn+Ni 计）/(mg/m³)	0.5	测定均值
8	二噁英类/(TEQ ng/m³)	0.1	测定均值
9	一氧化碳（CO）/(mg/m³)	100	1 小时均值
		50	日均值

2. 技术标准现状

目前我国共发布 16 项与农村生活垃圾焚烧处理相关的技术标准，另有 2 项正在征求意见，发布的部门包括住建部、发改委、环保部（现生态环境部）、科技部、质监局、标准委、中国机械工业联合会等。18 项技术标准的基本情况见表 5-6。

表 5-6　农村生活垃圾焚烧相关的技术标准

序号	标准号	标准名称	发布部门	适用范围（主要内容）	与农村生活垃圾处理的相关性
1	建城〔2010〕61 号	生活垃圾处理技术指南	住建部、发改委、环保部	适用于生活垃圾处理设施规划、建设、运行和监管	基本适用
2	建标 142—2010	生活垃圾焚烧处理工程项目建设标准	住建部、发改委	适用于新建生活垃圾焚烧处理工程项目，改、扩建工程项目可参照执行	不适用
3	CJJ 90—2009	生活垃圾焚烧处理工程技术规范	住建部	适用于以焚烧方法处理生活垃圾的新建和改、扩建工程	不适用，可参考
4	建城〔2000〕120 号	城市生活垃圾处理及污染防治技术政策	建设部、国家环境保护总局、科技部	适用于垃圾从收集、运输，到处置全过程的管理和技术选择应用，指导垃圾处理设施的规划、立项、设计、建设、运行和管理，引导相关产业的发展	不适用
5	HJ 574—2010	农村生活污染控制技术规范	环保部	适用于指导农村生活污染控制的监督与管理	基本适用
6	环发〔2010〕20 号	农村生活污染防治技术政策	环保部	适用于指导农村居民日常生活中产生的生活污水、生活垃圾、粪便和废气等生活污染防治的规划和设施建设	基本适用
7	HJ 2031—2013	农村环境连片整治技术指南	环保部	适用于农村环境连片整治项目	基本适用
8	HJ-BAT-9	村镇生活污染防治最佳可行技术指南（试行）	环保部	适用于居住人口在 1 万人以下的乡镇、行政村、自然村的生活污染防治	基本适用
9	CJJ/T 212—2015	生活垃圾焚烧厂运行监管标准	住建部	适用于对焚烧厂的运行监管	不适用，可参考

序号	标准号	标准名称	发布部门	适用范围（主要内容）	与农村生活垃圾处理的相关性
10	CJJ 128—2017	生活垃圾焚烧厂运行维护与安全技术标准	住建部	适用于采用炉排型和流化床型焚烧炉处理垃圾的焚烧厂的运行、维护与安全管理	不适用
11	CJJ/T 137—2019	生活垃圾焚烧厂评价标准	住建部	适用于新建、扩建和改建，并且商业运营满 1 年以上的焚烧厂的评价	不适用，可参考
12	征求意见中	生活垃圾焚烧飞灰固化稳定化处理技术标准（征求意见稿）	住建部	适用于已建、新建、改建和扩建生活垃圾焚烧厂炉排炉和流化床等飞灰处理工程的建设和运行	不适用
13	征求意见中	垃圾焚烧行业清洁生产评价指标体系（征求意见稿）	发改委	适用于垃圾焚烧企业的清洁生产审核、清洁生产潜力与机会判断、清洁生产绩效评定和清洁生产水平评价，也适用于垃圾焚烧企业新扩改建项目环境影响评价、排污许可证等资源能源消耗清洁生产管理需求等	不适用
14	GB/T 18750—2008	生活垃圾焚烧炉及余热锅炉	质监局、标准委	适用于以生活垃圾为燃料的生活垃圾焚烧炉及余热锅炉的设计、制造、调试、验收等	不适用，可参考
15	GB/T 25032—2010	生活垃圾焚烧炉渣集料	质监局、标准委	适用于生活垃圾焚烧炉渣经处理加工制成的用于道路路基、垫层、底基层、基层及无筋混凝土制品的集料	可参照执行
16	CJ 3036—1995	医疗垃圾焚烧环境卫生标准	住建部	适用于医疗垃圾焚烧处理	不适用
17	HBC 33—2004	环境保护产品认定技术要求 生活垃圾焚烧炉	环保部	适用于处理能力≥50 t/d 的各种型式的生活垃圾焚烧炉	不适用，可参考
18	JB/T 10249—2001	垃圾焚烧锅炉 技术条件	中国机械工业联合会	适用于以水为介质的各种型式的垃圾焚烧锅炉，对于不配置余热锅炉的小型垃圾焚烧炉可参照执行本标准的有关规定	不适用，可参考

（1）《生活垃圾处理技术指南》

《生活垃圾处理技术指南》（以下简称《指南》）适用于生活垃圾处理设施规划、建设、运行和监管，规定了生活垃圾分类与减量、收集与运输、处理与处置的总体要求，以及处理技术的适用性、处理设施建设技术要求、处理设施运行监管要求等。

《生活垃圾处理技术指南》是针对城市生活垃圾处理制定的，但其规定也基本适用于农村生活垃圾处理。在垃圾分类与减量方面，《指南》要求"根据当地的生活垃圾处理技术路线，制定适合本地区的生活垃圾分类收集模式。生活垃圾分类收集应该遵循有利资源再生、有利防止二次污染和有利生活垃圾处理技术实施的原则"；在生活垃圾收集与运输方面，《指南》要求"拓展生活垃圾收运服务范围，加强县城和村镇生活垃圾的收集"；在生活垃圾处理与处置方面，《指南》要求"应结合当地的人口聚集程度、土地资源状况、经济发展水平、生活垃圾成分和性质等情况，因地制宜地选择生活垃圾处理技术路线，并应满足选址合理、规模适度、技术可行、设备可靠和可持续发展等方面的要求"。在生活垃圾处理技术的适用性方面，《指南》提出"对于土地资源紧张、生活垃圾热值满足要求的地区，可采用焚烧处理技术。采用焚烧处理技术，应严格按照国家和地方相关标准处理焚烧烟气，并妥善处置焚烧炉渣和飞灰"。

可以看出，《指南》体现了因地制宜以及全过程统筹的原则，基本符合目前农村的实际情况，在农村生活垃圾治理工作中具有较好的适用性，具有较好的指导作用。

（2）《生活垃圾焚烧处理工程项目建设标准》

《生活垃圾焚烧处理工程项目建设标准》适用于新建生活垃圾焚烧处理工程项目（改、扩建工程项目可参照执行），规定了建设规模与项目构成、选址与总图布置、工艺与装备、配套工程、环境保护与劳动保护、建筑标准与建设用地、营运管理与劳动定员、主要技术经济指标等。

《生活垃圾焚烧处理工程项目建设标准》针对城镇的大型垃圾焚烧处理工程，无法适用于农村生活垃圾焚烧处理工程项目建设，比如：在建设规模方面，它要求全厂最小的（Ⅲ类垃圾焚烧厂）总焚烧能力介于 $150\sim600$ t/d，单个焚烧炉的处理能力不小于 100 t/d。在工艺与装备方面，要求入炉垃圾热值不低于 5000 kJ/kg，焚烧厂年工作日 365 d，每条焚烧线的年运行时间应在 8000 h 以上。这些要求与农村生活垃圾焚烧的实际情况相去甚远。

（3）《生活垃圾焚烧处理工程技术规范》

《生活垃圾焚烧处理工程技术规范》适用于以焚烧方法处理生活垃圾的新建和改、扩建工程，规定了垃圾焚烧厂总体设计、垃圾收储与输送、焚烧系统、烟气净化系统、垃圾热能利用系统、电气系统、仪表与自动化控制、给水排水、消防、采暖通风与空调、建筑与结构、其他辅助设施、环境保护与劳动卫生、工程施工及验收等要求。

《生活垃圾焚烧处理工程技术规范》对生活垃圾焚烧厂设计、建设、施工及验收等做出了具体要求。对垃圾焚烧厂的规模按下列规定分类。

特大类垃圾焚烧厂：全厂总焚烧能力 2000 t/d 以上；

Ⅰ类垃圾焚烧厂：全厂总焚烧能力介于 $1200\sim2000$ t/d（含 1200 t/d）；

Ⅱ类垃圾焚烧厂：全厂总焚烧能力介于 $600\sim1200$ t/d（含 600 t/d）；

Ⅲ类垃圾焚烧厂：全厂总焚烧能力介于 $150\sim600$ t/d（含 150 t/d）。

可见该标准是针对城镇大型垃圾焚烧厂制定的，无法完全适用于农村生活垃圾焚烧处理工程，但可以参考其中的少部分技术要求。

（4）《城市生活垃圾处理及污染防治技术政策》

《城市生活垃圾处理及污染防治技术政策》是针对城市生活垃圾处理及其污染防治制定的，不适用于农村生活垃圾处理。该技术政策对垃圾焚烧的规定如下：

①焚烧适用于进炉垃圾平均低发热值高于 5000 kJ/kg、卫生填埋场地缺乏和经济发达的地区。

②垃圾焚烧目前宜采用以炉排炉为基础的成熟技术，审慎采用其他炉型的焚烧炉。禁止使用不能达到控制标准的焚烧炉。

③垃圾应在焚烧炉内充分燃烧，烟气在后燃室应在不低于 850℃的条件下停留不少于 2 s。

④垃圾焚烧产生的热能应尽量回收利用，以减少热污染。

⑤垃圾焚烧应严格按照《生活垃圾焚烧污染控制标准》等有关标准要求，对烟气、污水、炉渣、飞灰、臭气和噪声等进行控制和处理，防止对环境的污染。

⑥应采用先进和可靠的技术及设备，严格控制垃圾焚烧的烟气排放。烟气处理宜采用半干法加布袋除尘工艺。

⑦应对垃圾贮坑内的渗沥水和生产过程的废水进行预处理和单独处理，达到排放标准后排放。

⑧垃圾焚烧产生的炉渣经鉴别不属于危险废物的，可回收利用或直接填埋。属于危险废物的炉渣和飞灰必须作为危险废物处置。

这些规定中，部分可借鉴用于农村生活垃圾焚烧。

（5）《农村生活污染控制技术规范》

《农村生活污染控制技术规范》适用于指导农村生活污染控制的监督与管理。规定了农村生活污染控制的技术要求，包括了农村生活垃圾污染控制的技术内容。该规范提出，执行"户分类、村收集、镇转运、县市处理"模式的农村，垃圾运输距离不应超过 20 km。规范还对填埋和堆肥技术提出了技术要求，而对焚烧技术未提出技术要求。

（6）《农村生活污染防治技术政策》

《农村生活污染防治技术政策》适用于指导农村居民日常生活中产生的生活

污水、生活垃圾、粪便和废气等生活污染防治的规划和设施建设，提出了对应的技术政策。该技术政策对农村生活垃圾的处理处置提出了技术要求，具体如下：

①鼓励生活垃圾分类收集，设置垃圾分类收集容器。对金属、玻璃、塑料等垃圾进行回收利用；危险废物应单独收集处理处置。禁止农村垃圾随意丢弃、堆放、焚烧。

②城镇周边和环境敏感区的农村，在分类收集、减量化的基础上可通过"户分类、村收集、镇转运、县市处理"的城乡一体化模式处理处置生活垃圾。

③对无法纳入城镇垃圾处理系统的农村生活垃圾，应选择经济、适用、安全的处理处置技术，在分类收集基础上，采用无机垃圾填埋处理、有机垃圾堆肥处理等技术。

④砖瓦、渣土、清扫灰等无机垃圾，可作为农村废弃坑塘填埋、道路垫土等材料使用。

⑤有机垃圾宜与秸秆、稻草等农业废物混合进行静态堆肥处理，或与粪便、污水处理产生的污泥及沼渣等混合堆肥；亦可混入粪便，进入户用、联户沼气池厌氧发酵。

该技术政策基本符合农村生活垃圾分类处理的原则，但是未考虑农村规范化焚烧技术的应用现状，也仅停留在城乡一体化的主导思想中，并未明确提出将农村规范化焚烧作为重要处置技术。

（7）《农村环境连片整治技术指南》

《农村环境连片整治技术指南》适用于农村环境连片整治项目，规定了技术模式选取、工程建设、工程运行维护和管理的技术要求。该指南提出了关于农村生活垃圾连片处理项目的技术模式选取要求：

①农村生活垃圾连片处理技术模式选取，需综合考虑村庄布局、人口规模、交通运输条件、垃圾中转和处理设施位置等，推行垃圾分类，同时参照《农村生活污染防治技术政策》（环发〔2010〕20号）、《农村生活污染控制技术规范》（HJ 574—2010）等规范性文件。

②建有区域性生活垃圾堆肥厂、垃圾焚烧发电厂的地区，需优先开展垃圾分类，配套建设生活垃圾分类、收集、贮存和转运设施，进行资源化利用。

③交通不便、布局分散、经济欠发达的村庄，适宜采用生活垃圾分类资源化利用的技术模式，有机垃圾与秸秆、稻草等农业生产废弃物混合堆肥或气化，实

现资源化利用，其余垃圾定时收集、清运，转运至垃圾处理设施进行无害化处理。

④城镇化水平较高、经济较发达、人口规模大、交通便利的村庄，适宜利用城镇生活垃圾处理系统，实现城乡生活垃圾一体化收集、转运和处理处置。生活垃圾产生量较大时，应因地制宜建设区域性垃圾转运和压缩设施。

这些技术要求基本遵循"分类+资源化利用"模式及城乡一体化处理模式的技术路线。该指南相应地提出了"分类+资源化利用"模式及城乡一体化处理模式的工程建设、运行维护和管理技术要求。目前大部分省市县级规范化处置场建设不足、乡镇级规范化处置场严重空缺，并且大部分地方农村垃圾的转运成本过高，因此该指南对农村生活垃圾连片处理项目的要求在大部分省市县尚难以落实。

（8）《村镇生活污染防治最佳可行技术指南（试行）》

《村镇生活污染防治最佳可行技术指南（试行）》适用于居住人口在 1 万人以下的乡镇、行政村、自然村的生活污染防治，包括生活污水、生活垃圾、人畜粪便和室内空气等污染防治。该指南将简易填埋技术、庭院堆肥资源化利用技术、好氧堆肥资源化利用技术和厌氧发酵产沼气资源化利用技术等 4 项技术列为村镇生活垃圾污染防治最佳可行技术。这 4 项技术中，简易填埋在农村地区应用较多，而其他 3 项技术应用不多。该指南还提出："当具备集中运输条件，为了减少污染，应就近集中进行卫生填埋或焚烧处理。卫生填埋处理按照现行生活垃圾卫生填埋场有关标准执行，垃圾焚烧按照现行生活垃圾焚烧厂有关标准执行。"事实上，大部分省市农村地区都已在探索推广生活垃圾区域性集中处理处置技术。

（9）《生活垃圾焚烧厂运行监管标准》

《生活垃圾焚烧厂运行监管标准》适用于对焚烧厂的运行监管，主要技术内容包括总则、基本规定、监管内容和方法、焚烧厂运行效果考核。该标准是针对城镇大型垃圾焚烧厂制定的，对焚烧厂监管的内容、方法，以及焚烧厂的运行效果考核做出了详细规定。该标准中大部分监管细则难以适用于农村小型垃圾焚烧厂，但是其监管内容及框架的设计可以借鉴。

（10）《生活垃圾焚烧厂运行维护与安全技术标准》

《生活垃圾焚烧厂运行维护与安全技术标准》适用于采用炉排型和流化床型焚烧炉处理垃圾的焚烧厂的运行、维护与安全管理，规定了垃圾接收及预处理系统、炉排型垃圾焚烧炉及余热锅炉系统、流化床垃圾焚烧锅炉系统、烟气净化系统、汽轮发电机及其辅助系统、电气系统、热工仪表与自动化系统、化学监督与金属监督、公共系统及建（构）筑物的维护保养、炉渣收集与输送系统、飞灰处理系统、渗滤液处理系统、安全、环境与职业健康等的运行维护与安全管理要求。该技术标准是针对大型垃圾焚烧厂制定的，只适用于采用炉排型和流化床型垃圾焚烧厂的运行维护与安全管理，不适用于其他类型的焚烧炉。

（11）《生活垃圾焚烧厂评价标准》

《生活垃圾焚烧厂运行监管标准》适用于新建、扩建和改建，并且商业运营满 1 年以上的焚烧厂的评价，规定了具体的评价内容、评价方法、综合评价与等级设置。该评价标准是针对城镇大型垃圾焚烧厂制定的，标准中大部分规定难以套用于农村小型垃圾焚烧厂，但是其评价内容和评价方法的设计可以借鉴。

（12）《生活垃圾焚烧飞灰固化稳定化处理技术标准（征求意见稿）》

《生活垃圾焚烧飞灰固化稳定化处理技术标准（征求意见稿）》适用于已建、新建、改建和扩建生活垃圾焚烧厂炉排炉和流化床等飞灰处理工程的建设和运行，所指的飞灰处理工程是大型飞灰处理站。

（13）《垃圾焚烧行业清洁生产评价指标体系（征求意见稿）》

《垃圾焚烧行业清洁生产评价指标体系（征求意见稿）》适用于垃圾焚烧企业的清洁生产审核、清洁生产潜力与机会判断、清洁生产绩效评定和清洁生产水平评价，也适用于垃圾焚烧企业新扩改建项目环境影响评价、排污许可证等资源能源消耗清洁生产管理需求等，规定了垃圾焚烧企业清洁生产的一般要求。将清洁生产指标分为五类，即生产工艺及设备指标、资源和能源消耗指标、资源综合利用指标、污染物排放指标和清洁生产管理指标。该评价指标体系针对的是城市大型垃圾焚烧厂，不适用于农村小型生活垃圾焚烧。

（14）《生活垃圾焚烧炉及余热锅炉》

《生活垃圾焚烧炉及余热锅炉》适用于以生活垃圾为燃料的生活垃圾焚烧炉及余热锅炉的设计、制造、调试、验收等，规定了生活垃圾焚烧炉及余热锅炉的分类、型号、要求、试验方法、检查和验收、标志、油漆、包装和随机文件。该标准主要针对大型的机械炉排式生活垃圾焚烧炉、流化床式生活垃圾焚烧炉、回转窑式生活垃圾焚烧炉，这些类型的焚烧炉目前基本只能应用于城市大型焚烧厂，而在农村垃圾处理中几无应用。

（15）《生活垃圾焚烧炉渣集料》

《生活垃圾焚烧炉渣集料》规定了生活垃圾焚烧集料的定义、原料要求、要求、试验方法、检验规则、标志、包装、储存和运输，适用于生活垃圾焚烧炉渣经处理加工制成的用于道路路基、垫层、底基层、基层及无筋混凝土制品的集料。农村生活垃圾焚烧产生的炉渣用于道路路基、垫层、底基层、基层及无筋混凝土制品时，可参照执行该标准。

（16）《医疗垃圾焚烧环境卫生标准》

《医疗垃圾焚烧环境卫生标准》规定了医疗垃圾焚烧环境卫生标准值及监测方法，适用于医疗垃圾焚烧处理。

（17）《环境保护产品认定技术要求　生活垃圾焚烧炉》

《环境保护产品认定技术要求　生活垃圾焚烧炉》适用于处理能力≥50 t/d 的各种型式的生活垃圾焚烧炉，规定了生活垃圾焚烧炉的分类与命名、技术要求、检验方法、抽样和检验规则等。农村普遍采用的小型生活垃圾焚烧炉可以参照该标准中的技术要求、检验方法、抽样和检验规则等规定

（18）《垃圾焚烧锅炉　技术条件》

《垃圾焚烧锅炉　技术条件》适用于以水为介质的各种型式的垃圾焚烧锅炉，对于不配置余热锅炉的小型垃圾焚烧炉可参照执行本标准的有关规定。规定了垃圾焚烧锅炉的分类、型号、结构、性能、制造、安装、试验方法、验收规则，以及标志和包装等。该标准主要针对的是大型的机械炉排式生活垃圾焚烧炉、流化床式生活垃圾焚烧炉、回转窑式生活垃圾焚烧炉。

5.2　典型地区农村生活垃圾小型焚烧监管现状

5.2.1　云南省

1. 云南省农村生活垃圾处理概况

2018 年云南省共有常住人口约 4829.5 万，其中乡村人口 2520.5 万，超过一半。共有 177 个街道、683 个镇、400 个乡、140 个民族乡，合计 1400 个乡级行

政区划，13 万多个自然村。云南省具有 4 个突出特点：边疆、山区、民族、贫困，这些特点对农村生活垃圾处理具有直接影响。

云南位于中国西南的边陲，边境线长 4060 km，与 3 个国家接壤，西面是缅甸，南面是老挝，东南方是越南。云南省内拥有的国际河流甚多，其流域面积占全省土地面积的 50%以上。伊洛瓦底江、怒江、澜沧江从西北入境，西南出境；元江发源于云南的祥云、弥渡、巍山一带，沿西北至东南向经河口进入越南。云南省的国际河流大部分地处农村地区，生活垃圾一旦造成河流污染，则可能引发跨境环境摩擦。随着桥头堡建设的推进和对外开放力度的加大，云南省农村生活垃圾处理方面承受的压力也越来越大。

云南是典型的山区，39.41 万 km^2 土地面积中山区或半山区超过 90%，交通不便、居住分散，某些乡镇境内南北相距六七十公里，垃圾转运十分困难，因此"村收集、镇转运、县处理"模式目前很难推行。

云南有世居民族 26 个，少数民族 25 个，各民族生活习惯差异较大，少数民族很多群居在山区农村。白族和傣族等部分民族非常讲究环境卫生，村落干净整洁，具备开展农村生活垃圾处理工作的群众基础。但云南也存在人畜混居的民族，在这些民族地区开展农村环境整治面临的困难更大。

2016 年，云南省的 129 个县中有 93 个贫困县，其中 73 个是国家级贫困县，另外 20 个纳入了国家集中连片特困地区。因此，云南省地方经济基础薄弱，开展农村生活垃圾处理工作的财力支持面临困境。

云南省农村生活垃圾产生量约 0.3～0.6 t/人·d，有的乡镇垃圾产生量仅 7～8 t/d。2008～2015 年，云南省 818 个村完成农村环境连片整治工作，2015 年国家拨款 1.5 亿元完成 150 个村的环境连片整治工作，每个村平均投入约 100 万元。总体而言，云南省农村生活垃圾处理面临重重困难。全省农村生活垃圾处理大体分为三个发展阶段：

第一发展阶段是就地随意处理。早年很多农村找个坑或者河边堆放垃圾，有的地方堆放时间长了后，焚烧处理，所以很多坑都变成了黑色。近些年某些农村开始做垃圾清运工作，离填埋场比较近的可以清运，但清运难度较大。有的一个自然村一两百人住在一个山村，而且这些自然村也不一定就聚居在一块儿，有的东一家西一家，各家之间间隔几十米至上百米不等。因此更可行的方案是就地减量化，不过早期村民自发的做法仅是简单分类后随意露天焚烧。环保部门不鼓励村民就地随意处理，拟进行干预，但是一旦禁止后，大量堆放的垃圾怎么处理？

所以很多山村在考虑自身环境容量之后，便将垃圾自发处理了。

第二发展阶段是就近集中处理。有些地方开始逐步建设小型焚烧炉，环保部门虽不鼓励，但是很多地方县市权衡利弊之后，决定建设焚烧炉，比如保山市从 2013 年开始，每个乡镇建设焚烧炉，每台焚烧炉补贴 5 万元，目前建设了大约 200 多套。云南省环保部门很重视农村生活垃圾焚烧的问题，一直在思考如何处理农村生活垃圾，如果都采取集中填埋等方式，清运如何做？一般只要超过 20 km，运输成本很可能就超过处理成本了，因此开始考虑引进一些技术，比如垃圾热解技术。

第三发展阶段是城乡一体化集中处理，也就是"村收集、乡（镇）转运、县（市）处理"模式。目前只有大理能够达到这一阶段，因为大理经济相对发达，而且其环境问题受大众关注。大理早期建设小型焚烧炉，现在开始建垃圾焚烧发电厂，能够做到垃圾城乡一体化。大理的垃圾焚烧发电厂采用了财政补贴方式，如果垃圾数量不够，则政府需要补贴运营企业。此外，对于卫生填埋场，必须按照规范运行，如果填埋场管理不善，会产生渗滤液等问题，导致垃圾填埋场附近地下水污染、农作物减产等现象。

2. 云南省农村生活垃圾焚烧监管现状

云南省相关部门主张以循序渐进的方式对待农村生活垃圾处理及焚烧。

相关人员认为，若尚在着手解决垃圾减量这一主要问题的时候，就要求农村达到城镇垃圾处理的标准，有可能会因噎废食，所以必须一步一步来，包括设施水平、收费、管理等方面的要求都不可脱离实际。在平原地区，交通便利、居住更集中，环保要求理应要求更高，理应城乡一体化集中处理，这样也更便于监管，但这种集中模式没办法在西部推行，尤其是在山区。所以，应该还是要在环境容量允许的情况下就近减量。

相关人员认为，焚烧的边界条件应分类界定。交通便利、经济条件相对较好的地区，比如云南的坝区，湖边、河边的地区，最好采用住建部门建立的一整套集中处理系统，集中填埋或者集中垃圾焚烧发电。对于某些城乡结合部，比如昆明的郊区，垃圾产生量跟城市接近，居住条件像农村，城市的垃圾清运系统并未覆盖，目前还是存在自行焚烧的现象，因此当务之急是建立清运体系，然后进入城市处理系统。对于偏远、落后的山区，目前只能采取就近减量的方式，比如采用焚烧或者微生物处理等其他可以接受的方式。

云南省住建、环保等部门及地方政府部门为农村生活垃圾焚烧积极提供资金支持，对农村生活垃圾焚烧的规范化起到了促进作用。

5.2.2　青海省

1. 青海省农牧区生活垃圾处理概况

青海位于中国西部、世界屋脊青藏高原的东北部，与甘肃、四川、西藏、新疆接壤，辖西宁市、海东市 2 个地级市和玉树藏族自治州、海西蒙古族藏族自治州、海北藏族自治州、海南藏族自治州、黄南藏族自治州、果洛藏族自治州等 6 个民族自治州，共 48 县级行政单位。青海省大山大河众多、人口密度低、少数民族多等特点对其农村生活垃圾处理产生了深远影响。

青海境内山脉高耸，地形多样，河流纵横，湖泊棋布。昆仑山横贯中部，唐古拉山峙立于南，祁连山矗立于北，茫茫草原起伏绵延，柴达木盆地浩瀚无限。青海东部素有"天河锁钥""海藏咽喉""金城屏障""西域之冲"和"玉塞咽喉"等称谓，是长江、黄河、澜沧江的发源地，被誉为"三江源""江河源头""中华水塔"。青海的地形大势是盆地、高山和河谷相间分布的高原。中国最大的内陆高原咸水湖也在青海。青海省生态资源丰富、大江大河的发源地的先天特点决定其生态环境保护具有举足轻重的地位。农村生活垃圾处理对保护三江源、维护我国国际形象具有重要意义，是青海省目前面临的突出环境问题之一，受到了各级政府的关注，也牵动着国内外众多环保公益组织的神经。

青海省常住人口 607.82 万（截至 2019 年末），按城乡分，城镇 337.48 万人，占 55.52%；乡村 270.34 万人，占 44.48%。青海省总体人口密度较低，高原地区山高路远，部分县域辽阔，因此农村生活垃圾转运成本极高，很多地方难以推行"村收集、乡（镇）转运、县（市）处理"模式。

青海省少数民族人口 289.99 万（截至 2019 年末），占 47.71%。青海省的世居少数民族主要有藏族、回族、土族、撒拉族和蒙古族，其中土族和撒拉族为青海省所独有。5 个世居少数民族聚居区均实行区域自治，先后成立了 6 个自治州、7 个自治县，其中有 5 个藏族自治州（玉树藏族自治州、果洛藏族自治州、海南藏族自治州、海北藏族自治州、黄南藏族自治州），自治地方面积占全省总面积的 98%。青海省开展农村生活垃圾处理工作具有较好的群众基础，比如在藏区，寺庙会倡导藏民保护环境、爱护环境；再如虫草产区，群众为了维系虫草的可持续采挖，会自觉维护自然环境,自发清理山上的垃圾。

目前,青海省农牧区生活垃圾处理尚处于起步阶段。为认真做好农牧区生活垃圾专项治理工作,提高农牧区生活垃圾处理减量化、资源化和无害化水平,切实改善农牧区人居环境,推进高原美丽乡村建设,青海省于 2015 年 2 月发布了《青海省开展农牧区生活垃圾专项治理工作指导意见》,全面开展为期 5 年的农牧区生活垃圾专项整治行动。该意见要求农牧区通过垃圾收运系统和处理设施建设、垃圾源头分类减量和集中收运处理、村庄保洁队伍和制度建立落实以及科学合理的垃圾处理方式四个方面工作,基本扭转农牧区村庄环境"脏乱差"的局面。

从 2015 年开始,青海省农村环境连片整治项目加大了对农村生活垃圾处理的支持力度。西宁市、玉树藏族自治州等多地为辖区村庄购置了生活垃圾收运处理设备,如垃圾车、垃圾斗等。此外,青海省某些地方政府也自主开展了一些农村生活垃圾处理工作。如湟源县为充分发挥农村环境连片整治示范项目环境效益,强化长效运行管理,结合县域实际,于 2013 年制定了《湟源县农村生活垃圾收集处置工作意见》,从农村生活垃圾收集、处理运行模式、管理体制、经费保障、督查考核和宣传引导等方面提出了具体意见,进一步明确了乡镇政府、环保、财政、城管、卫生、农牧等部门的具体职责,并提出分步达到"四有四无"目标:有垃圾集中设施,有卫生保洁队伍,有长效管理机制,有稳定经费保障;庭院无积存垃圾,村庄内外无散倒垃圾,沟渠农田无漂浮垃圾,农村交通干道无白色垃圾。

2. 青海省农牧区生活垃圾焚烧监管现状

青海省目前正在积极推动农牧区生活垃圾焚烧的监管工作。为了提升农牧区生活垃圾焚烧技术水平,青海省加大了对农牧区环境整治的资金支撑力度。在监管政策上,青海省生态环境厅针对未来需求,正在开展前瞻性的调查研究,推动地方性技术指南、规范和排放标准的制定工作。青海省《生活垃圾小型热解气化处理工程技术规范》(DB63/T 1773—2020)已发布,将有效提升农牧区生活垃圾焚烧设施的监管水平。

5.2.3　贵州省

1. 贵州省农村生活垃圾处理概况

贵州位于中国西南部高原山地,境内地势西高东低,自中部向北、东、南三面倾斜，平均海拔在 1100 m 左右，全省地貌可概括分为：高原、山地、丘陵和盆地四种基本类型，其中 92.5% 的面积为山地和丘陵。境内山脉众多，重峦叠嶂，绵延纵横，山高谷深，素有"八山一水一分田"之说，是全国唯一没有平原支撑的省份，这给垃圾收运带来了极大困难。截至 2017 年末，贵州省常住人口为3580 万，其中乡村人口 1932.48 万。贵州是一个多民族共居的省份，全省共有民族 56 个，世居民族有 18 个。贵州省非常重视分类，一些少数民族，比如苗族，对环境的要求与生俱来，村民会自发通过村规民约来约束自己。

贵州省"十三五"开始重点推进农村生活垃圾处理工作。贵州县域面积较小，人口不多，一般小县人口 20 多万，大县 50 万～60 万，并且在 2015 年实现了县县通高速，因此县市一级的垃圾处理主推统收统运集中处理模式。而贵州农村地区山地居多，村民居住分散，垃圾收运成本过高，"村收集、乡（镇）转运、县（市）处理"模式难以长效运行。贵州农村生活垃圾处理工作目前由环保、住建、农委等多个部门同时参与。贵州省按照国家《关于全面推进农村垃圾治理的指导意见》《农村人居环境整治三年行动方案》等指导文件的要求，积极进展农村生活垃圾治理。至 2019 年初，全省 1.16 万个行政村实现农村生活垃圾处理，23 个县建立了农村生活垃圾收运处置体系。湄潭县、安顺市西秀区、麻江县等 3 个"全国农村生活垃圾分类和资源化利用示范县"的行政村垃圾分类覆盖率达 80% 以上。

2. 贵州省农村生活垃圾焚烧监管现状

贵州省农村生活垃圾处理工作尚处于起步阶段，省级层面尚未建立农村生活垃圾焚烧监管体系，但部分地方正在探索开展农村生活垃圾焚烧设施的监管工作。黔东南州地方政府主导，持续开展了农村生活垃圾处理探索工作。为了提升垃圾处理水平，州政府主要领导要求尽快选择最好的焚烧技术，在全州推广农村生活垃圾焚烧炉。2015 年 3 月，《黔东南州农村生活垃圾治理指导意见》出台，明确了小型焚烧的边界条件及资金筹集方式，并针对黔东南州农村地区的实际情况，提出了六种垃圾处理模式，分别为："户分类、村收集、镇转运、区域处理"模式；"户分类、村收集、镇转运、县处理"模式；"户分类、村收集、县处理"模式；"户分类、村收集、镇处理"模式；"户分类，就地处理"模式；组合方式进行处理。其中，"户分类、村收集、镇处理"模式提出距离县（市）级垃圾卫生填埋场超出 30 km 范围的乡镇，按多镇统筹建设区域性垃圾焚烧厂，将农村生活垃圾收集后转运至乡镇进行无害化处理；"户分类，就地处理"模式提出对于距离县城边远，交通不便的镇、乡、村，积极鼓励各县市探索和引进先进地区的先进经验和设备解决垃圾处理问题，近期可采用有机物堆肥处理，无机物填埋，或是建设环保认可的小型焚烧炉进行减量化处理。

5.2.4　江西省

1. 江西省农村生活垃圾处理概况

江西省除北部较为平坦外，东西南部三面环山，中部丘陵起伏，成为一个整体向鄱阳湖倾斜而往北开口的巨大盆地。全境有大小河流 2400 余条，赣江、抚河、信江、修河和饶河为江西五大河流。境内鄱阳湖是中国第一大淡水湖。截至 2019 年末，江西省常住人口为 4666.1 万，农村人口约占 42.6%。

2014 年 8 月 21 日，江西省根据国务院办公厅《关于改善农村人居环境的指导意见》精神，结合生态文明示范省建设工作要求，制定了《江西省改善农村人居环境行动计划（2014—2020 年）》，提出"到 2020 年，农村垃圾收集清运网络覆盖行政村比率达到 100%，再生资源回收网点覆盖行政村比率达 100%"。

2015 年 5 月 16 日，江西省新农村建设办公室、省住房城乡建设厅制定的《关于江西省农村生活垃圾专项治理工作方案》发布，提出建立和完善"户分类、村收集、乡转运（处理）、县处理"的城乡环卫一体化生活垃圾收运处理体系，完成农村存量垃圾集中治理，并要求力争用三年时间，全省 90% 以上村庄的生活垃圾得到有效处理，通过国家检查验收，健全农村环境卫生管理长效机制，提升城乡环卫一体化管理水平和运行质量，农村生活垃圾治理成为干部群众自觉行动和良好习惯，农村人居环境全面改善。此外，该方案还明确提出，2015 年省财政安排农村生活垃圾专项治理 2 亿元，由省新农村建设办公室、省住房城乡建设厅会同省财政厅，按照兼顾公平与效率的原则，对县（市、区）进行奖补。

江西省各地积极探索推行农村生活垃圾"445"处理模式，建立健全卫生保洁长效机制。一是明确"四个主体"责任，以文件形式明确环卫所、理事会、农民、保洁员职责，确保职责分明，无推诿扯皮现象出现；二是强化"四项机制"，即宣传培训机制、资金投入机制、制度保障机制、督促检查机制；三是推行"五种分类处理路径"：①厨余垃圾沤肥，②可利用垃圾回收，③土建垃圾铺路填坑，④有毒有害垃圾封存处理，⑤其他垃圾无害焚烧。

2. 江西农村生活垃圾焚烧监管现状

2009 年 12 月 10 日，江西省农村清洁工程办公室、环境保护厅下发了《江西省农村垃圾无害化处理操作指南（试行）》，从技术方面对农村生活垃圾焚烧的各个环节提出了明确要求，具体如下。

一般要求：①枯枝烂叶、干果壳等植物类垃圾可就地简单焚烧。②焚烧炉及其配套设施的建设应按照《中华人民共和国环境影响评价法》和《建设项目环境保护管理条例》有关规定，编制环境影响评价文件报环保部门审批。

规模要求：垃圾焚烧炉的服务人口不少于 2 万人，人口少于 2 万人的乡镇应联合周边乡村共建垃圾焚烧设施。

焚烧炉选址要求：①焚烧炉选址应符合当地城乡建设总体规划和环境保护规划的规定，并符合当地的大气污染防治、水资源保护、自然保护的要求。②焚烧炉选址应设在当地夏季主导风向的下风向，在人畜居栖点 500 m 以外。③不得建在自然保护区和风景名胜区核心区范围，以及生活饮用水水源保护区、村（居）民居住区、学校、医院及其他需要特别保护的区域内。

焚烧炉进料要求：严禁易爆物品、玻璃及有害垃圾等进入焚烧炉处理。

技术要求：①烟气出口温度不低于 850℃，烟气停留时间不少于 2 s；烟气排放之前须经布袋除尘及活性炭吸附处理。②焚烧炉渣按一般固体废物处理，焚烧飞灰及其他尾气净化装置排放的固体废物应按危险废物处理。

2019 年 11 月 21 日，江西省住房和城乡建设厅发布《江西省农村生活垃圾治理导则》，对农村小型焚烧的规定极少，仅第 10.1.3 条规定：严禁将生活垃圾集中露天堆放、焚烧或者简易填埋。

5.2.5　广西壮族自治区

1. 广西农村生活垃圾处理概况

广西地处中国华南地区，与广东、湖南、贵州、云南相邻，并与海南隔海相望，南濒北部湾、面向东南亚，西南与越南毗邻。广西境内山岭连绵、山体庞大、岭谷相间，四周多被山地、高原环绕，中部和南部多丘陵平地，呈盆地状，有"广西盆地"之称。截至 2019 年末，全区常住人口 4960 万，下辖有 14 个地级市。

广西正在快速推进农村生活垃圾治理工作,目前主要有三种模式:

①村收集、乡(镇)转运、县(市)处理,即城乡一体化垃圾处理模式。广西从 2006 年开始布局,建设了大量填埋场,一般 20 km 布置一个转运站。广西目前已全部完成这一模式的布局,缓解了城市及近郊农村的生活垃圾处理难题,但是这一模式在广西大部分农村受到自然环境、产业结构、生产规模、生活习惯、发展水平等因素的限制,难以推行。

②村收村运,即乡镇一级的片区处理模式。广西人口体量很大,有的乡镇接近县市的体量,离县城也很远。这种模式正在提升完善,应用的处置技术主要为热解和填埋。

③村级就近就地处理,即结合农村的实际,按照垃圾处理尽量不出村、垃圾肥料化、垃圾处理低成本和可持续的要求,通过"户分类、村收集、村处理"来运作的垃圾处理模式。这一模式适用于分布分散、经济欠发达、交通不便、距离垃圾处理场太远而无法纳入城乡一体化或片区处理模式的农村地区。广西近几年通过"美丽广西·清洁乡村"建设,探索并选择符合农村实际的生活垃圾处理方式,完成了大量村屯的垃圾收运及最终处置。

从调研情况看,广西各地积极性较高,大部分村民已形成垃圾处理的良好意识。目前三种模式大约各处理了 1/3 的农村生活垃圾,其中村级就近就地处理模式因为垃圾处理低成本、可长效运转等优点,发展最为迅速,多地实现了一村一策、垃圾不出村。就近就地处理模式的工作流程见图 5-1。原生垃圾先由村民按可回收垃圾、可堆肥垃圾、有害垃圾、砖瓦石块渣土等无机垃圾和其他垃圾类进行分类。可回收垃圾由废旧物资回收机构定期有偿回收;有害垃圾由村民收集后送至村有害垃圾储存间,由村保洁员负责管理,由危险废物处置企业定期处理;可

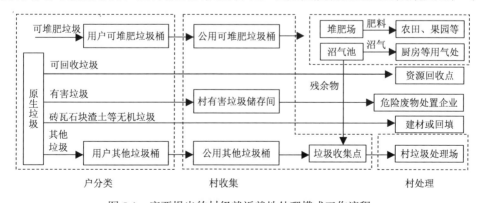

图 5-1　广西提出的村级就近就地处理模式工作流程

堆肥垃圾经户、村两级垃圾桶收集后，用于堆肥或发生沼气，堆肥残余物送至垃圾收集点；砖瓦石块渣土等无机垃圾作为建筑材料进行回收利用，未能回收利用的可在土地整理时回填使用；其他垃圾经户、村两级垃圾桶收集后，由保洁员集中至村垃圾处理场进行处理。

在村处理环节中，广西一方面引导和鼓励供销社和其他废旧物资回收企业在村屯设置废旧物资回收站点，另一方面自主研发或引进了堆肥、沼气池、水泥窑协同处置、热解、焚烧、简易填埋等一系列技术。

2. 广西农村生活垃圾焚烧监管现状

从 2013 年 6 月开始，广西"美丽广西·清洁乡村"专项组多次组织专家，对各地就近就地处理农村垃圾的办法和方式进行了调研指导，提出了大量改进意见，出台了《广西农村生活垃圾处理技术指引（试行）》（以下简称《指引》），对垃圾热解和焚烧的适用范围、工艺流程、工程建设要点、操作要点、投资估算进行了详细指导。在适用范围广方面，《指引》提出：垃圾热解技术适用于处理经分类后其塑料、废纸、木料等组分比例仍较高的垃圾；垃圾焚烧技术适用于进炉垃圾低位发热量高于 5000 kJ/kg 的情况。在工程建设要点方面，《指引》对两类技术的选择、烟气净化系统、飞灰处置、垃圾储坑建设、监测设备等方面提出了具体要求。在投资估算方面，《指引》提出新建工程投资估算指标可控制在约35 万元/t·d。

2014 年 3～8 月广西"美丽广西·清洁乡村"专项组组织相关专家和实际工作者，在面向全区征集农村生活垃圾处理技术方案的基础上，对各地报送和面向社会征集的技术方案进行了认真的技术论证、实地勘察、分析研判，逐一剖析了它们的优点和存在的不足，并最终遴选出两类共 13 种技术方案供农村地区推广使用或有条件推荐使用，其中 9 种采用了焚烧技术，包括"零烟雾无害化垃圾焚烧处理集成工艺""新型生活垃圾焚烧炉垃圾处理系统""农村生活垃圾焚烧炉垃圾处理系统""农村生活垃圾热解处理系统"等。

广西主要通过"美丽广西·清洁乡村"、农村环境连片综合整治等项目，以及各县市乡镇的地方财政，筹集资金用于保障垃圾处理。

广西在农村生活垃圾焚烧处理方面取得了显著成效，其农村生活垃圾焚烧技术也发展迅猛。广西住建、环保等部门通过合理引导，既保护了群众参与垃圾处理的积极性，又规范了农村生活垃圾焚烧涉及的各个环节，有效减少了二次污染。然而，目前广西在农村生活垃圾焚烧监管过程中，仍有两个难题：一是缺乏污染物排放标准，无据可依。广西暂时执行的是《生活垃圾焚烧污染控制标准》（GB 18485—2014），然而这一标准针对的是大型焚烧厂，各项指标均为大型焚烧厂量身定做，并不适用于农村地区的小型焚烧设施。为解决这一难题，广西目前正在推动地方性排放标准的制定工作。二是二噁英的危害被夸大，以至于错误引导了民众舆论，阻碍了农村生活垃圾治理工作。目前农村地区垃圾围村现象十分普遍，同时大气环境容量非常大、焚烧厂选址普遍不难，因此小型垃圾焚烧符合很多农村地区的实际情况，是历史性、阶段性的选择，在目前的局面下，垃圾的减量化才是首要问题。对于农村生活垃圾小型焚烧设施二噁英控制，广西相关部门认为最重要的是加强管理，必须规范监管选址、前端进炉垃圾类别及后端烟气治理措施。

5.2.6　安徽省

1. 安徽省农村生活垃圾处理概况

截至 2019 年末安徽省共有人口约 6365.9 万，其中乡村常住人口占比 44.19%。地形地貌由淮北平原、江淮丘陵、皖南山区组成。安徽省下辖 16 个省辖市、9 个县级市、52 个县、44 个市辖区。

2015 年 3 月 18 日，安徽省住房和城乡建设厅、安徽省环境保护厅、安徽省农业委员会发布了《安徽省农村生活垃圾 3 年治理行动方案》《安徽省农村生活垃圾治理验收标准（试行）》和《安徽省农村生活垃圾治理验收办法（试行）》，推进全省农村生活垃圾 3 年专项治理行动，力争到 2017 年底全省农村生活垃圾得到有效收集和处理。2019 年 1 月 10 日出台了《安徽省农业农村污染治理攻坚战实施方案》，文件要求各市、县强化污染治理，保护生态环境，深入推进农村人居环境整治，实现生产清洁化、废弃物资源化、深化体制机制改革，充分调动农民群众的积极性、主动性，突出重点，强化举措，补齐农业农村生态环境保护短板。到 2020 年，基本实现农村生活垃圾处置体系全覆盖，全省农村生活垃圾得到有效治理。

据安徽省第三次全国农业普查数据显示，安徽省 83.9%的农村生活垃圾是集中或部分集中处理[61]。处理的主要流程为：户集—村收集—镇转运—市县处理。首先设置垃圾临时集中点，主要是在村民住所附近选取合适的位置投放经垃圾分类设置的简易垃圾桶、垃圾箱、垃圾池或其他形式的一线垃圾收集设施，实现农村生活垃圾收集到户的垃圾集中措施。在村民按照村规民约的要求将生活垃圾投入设置的垃圾收集点后，清洁人员将垃圾移送到村部垃圾集中点，再由第三方承包企业对垃圾进行转运到市县里进行最后的分拣和处理。

2. 安徽省农村生活垃圾焚烧监管现状

据了解，目前安徽省在农村生活垃圾焚烧监管方面面临较多困难，由于二噁英监测能力不足、耗费太高，如果参照国家标准来监管，投入太大。

5.2.7　湖南省

1. 湖南省农村生活垃圾处理概况

湖南省下辖 13 个地级市、1 个自治州，共有 36 个市辖区、18 个县级市、61 个县、7 个自治县，合计 122 个县级区划；403 个街道、1138 个镇、309 个乡、83 个民族乡，合计 1933 个乡级区划。截至 2019 年末，全省常住人口 6918.38 万，其中乡村常住人口占比约 50%。湖南地势属于云贵高原向江南丘陵和南岭山地向江汉平原的过渡地带。

湖南省农村生活垃圾治理工作起步较晚，"十二五"之前仅少数地方政府及环保厅的农村环境连片整治项目开展了一些农村生活垃圾工作，仅攸县等少数地方取得了一些成效。据报道，攸县在农村生活垃圾处理工作上探索市场化运营机制，成立资源回收公司和建设回收站点网络，以"六定"法有效回收利用生产、生活垃圾，变废为宝，化害为安。全县年产生活生产性废旧物资约 20 万 t，85% 以上农村生活垃圾得到了就地处理，垃圾无害化处理率达到 100%，可回收垃圾潜在价值 5 亿元，通过精细化处理，可实现产值约 10 亿元。

从 2015 年开始，湖南省开始全面推动农村生活垃圾治理工作。2016 年，湖南省正式启动农村生活垃圾五年专项治理，提出到 2020 年，全部集镇和 90% 的农村的生活垃圾将得到治理。

在处理模式上，湖南省分类考虑：城镇生活垃圾收运处理设施能够覆盖的地方，可按照"户集、村收、乡镇转运、市县处理"模式统筹处理；交通不便、运距较远的可按照"户集、村收、乡镇处理"模式就地处理。要在农户分类减量的基础上，选择投资少、维护和运行成本低、简单易行的处理工艺。同时，禁止露天焚烧，逐步取缔二次污染严重的简易填埋设施和小型焚烧炉。

按照农村生活垃圾五年专项治理的部署，原则上每个乡镇都应建设垃圾中转站、每个行政村都应建设垃圾集中收集点。相邻乡镇可共建共享，大镇可建多个。逐步普及密闭运输车辆，有条件的应配置压缩式运输车。村庄垃圾收集设施应坚持实用卫生、便于作业的原则，配置足够的垃圾收集点、清扫工具和收集车辆，逐步改造或停用露天垃圾池等敞开式收集场所、设施。

2. 湖南省农村生活垃圾焚烧监管现状

目前湖南省有关部门正在制定针对农村生活垃圾处理的技术指引，对农村生活垃圾焚烧的各个环节进行规范，减少水、气、渣污染。某些县市结合地方情况，制定了相应的管理办法。如耒阳市人民政府为规范有序管理垃圾焚烧炉，充分发挥垃圾焚烧炉的效用，就焚烧炉的管理使用提出如下意见：①垃圾焚烧炉管理主体是乡镇，各乡镇要切实加强对垃圾焚烧炉管理使用的领导，成立专门班子，明确专人负责，涉及的村组也要有专人专抓专管。②各乡镇要保证每座焚烧炉焚烧4~6 个村的垃圾，主要公路沿线和圩场所在的村均应纳入焚烧范围，并将包干范围内的村报农办备案。③每座焚烧炉要配备专人管理，配备好垃圾清运车，要切实加强对管理员的日常考核，签订好管理合同，制定好考核细则，落实好待遇和奖惩措施。④垃圾焚烧炉要保证连续使用，永不熄火，不准在焚烧炉入口平台上堆积垃圾、不准在焚烧炉出灰口边堆积灰渣、不准将不可燃或对环境污染严重的废物入炉。⑤焚烧炉管理费由市财政按每座每月 2000 元的标准纳入预算，管理费要做到专款专用，不足部分由乡镇自行解决。市财政依据垃圾焚烧炉使用情况据实补助，垃圾焚烧炉的管理经费每季度拨付一次，对运转存在问题的按考核细则给予处罚。⑥农办要切实加强对乡镇垃圾焚烧炉使用的监督指导，定期不定期地对垃圾焚烧炉使用情况进行抽查，及时将问题通报乡镇并备案备查。

5.2.8　江苏省

1. 江苏省农村生活垃圾处理概况

江苏省人口密度大、用地紧张、地势平坦、经济较发达，全省确立了"组保洁、村收集、镇转运、县处理"的城乡统筹生活垃圾收运体系。江苏省总面积 10.72 万 km^2，2019 年末全省常住人口 8070 万，是中国人口密度最高的省份。

高人口密度和高城镇化率的现实状况，为江苏推进城乡统筹生活垃圾处理提供了良好的实施条件。

目前江苏苏南地区以垃圾焚烧为主，卫生填埋为辅；苏中地区焚烧和填埋同步发展；苏北地区以卫生填埋为主，有条件的城市发展垃圾焚烧。

江苏省针对农村生活垃圾处理的重要工作有以奖促治、连片整治及拉网式综合整治等。2010~2013 年，江苏省在 21 个县市连片整治示范，这些县市基本建成了组保洁—村收集—镇转运—县处理的 4 级转运处理体系。

2013~2017 年，江苏省与财政部、环保部签订了《全省覆盖拉网式农村环境综合整治试点协议》，提出生活垃圾处理率不低于 70%的目标。将在 78 个县市全面开展综合整治，5 年后将在全省实现农村生活垃圾收运处理体系全覆盖。

江苏省在农村倡导清洁环保理念时，非常注重宣传教育。在布置以奖促治及环境整治任务时，会邀请专家授课，由专家对各地进行系统培训，然后再由各地去提出解决方案，方案经乡镇会议讨论后交环保部门报批。

目前江苏省农村生活垃圾处理工作出现了一批做得较好的县市，比如江宁、盐都、高淳、金湖、姜堰、武进、吴中等。"江宁四朵金花"：东山香樟园、江宁黄龙岘、谷里大塘金和麒麟锁石村，通过做好农村环境卫生，成为市级农家乐示范村，直接带动旅游，产生 1000 多亿效益。

江苏省非常重视垃圾分类工作，目前在引导城市居民做好垃圾分类，但在农村方面，农村垃圾与城市垃圾的组分存在差异，且垃圾收集能力相对较差，垃圾分类工作需逐步推进。

2. 江苏省农村生活垃圾焚烧监管现状

江苏省农村生活垃圾处理工作由环保、住建、城管、农委等多个部门一起协作。江苏省在城乡统筹生活垃圾收运体系下，着重从明晰管理责任机制和建立多元资金投入机制两个方面入手开展农村生活垃圾工作。

大部分地方建立了"区有环卫处、镇有环卫所、片有督察员、村有清运员、组有保洁员"的工作网络，全面构建从保洁、收运、集中转运到焚烧处理的垃圾集中处理运行机制，形成了区、镇、村、组四级联动，有机衔接的长效机制。

江苏省农村生活垃圾收集点管理主体为村委会，服务于两个及两个以上村的生活垃圾转运站由镇级环卫管理部门负责管理。收集过程由村委会负责，有条件的乡镇承担由收集点到转运站的职责，县承担由转运站到处置设施的职责。生活垃圾收运系统运行工作由各级政府环卫部门负责或通过市场化公开竞争方式委托企业承担,管理部门承担监管职责。

农村生活垃圾收运体系建设运行经费主要包括设施建设费用和运行管理经费。设施建设费用为一次性投入,主要包括乡镇压缩式垃圾中转站及配套转运车辆建设和村组垃圾固定存放点、小型保洁车辆以及清扫保洁工具的建设。乡镇压缩式垃圾中转站建设费用和转运车辆购置费用一般由县级财政承担或由县镇财政共同承担,同时省级财政安排资金给予补助。村组垃圾固定存放点、小型保洁车辆和清扫保洁工具等设施建设费用,一般由村集体自行筹集或以村集体自筹为主、县镇财政适当给予补助。运行管理经费主要包括由村到镇的保洁、收集、转运费用和由镇到县处理场的转运费用以及终端无害化处理费用。全省主要有三种保障模式:一是各村负责本村清扫保洁、垃圾收集和清运至镇垃圾中转站费用,各镇负责垃圾中转站运行费用、垃圾转运到处理场的费用和部分终端处理费用,县级财政主要承担垃圾终端处理费用并对镇村给予适度补助。二是县、镇按比例承担农村生活垃圾处置长效管理的全部经费,村组保洁员的工作报酬亦由县、镇财政统一支付。三是组保洁、村收集费用由村承担,由村到镇中转站的转运费用由镇财政承担,中转站至终端处理场的转运费用和终端处理费由县财政承担。

总体而言投资费用大部分是政府资金,比较富裕的乡镇会出一部分资金。住建部门筹集财政资金,环保部门以奖促治。运行费用则各地情况不一:苏南地区由于经济发达、群众环保意识强、外来人口多、旅游人口多,当地自发要求做好农村生活垃圾处理工作,因此费用方面市财政出小头,乡镇出一部分,村企业出大头;苏北地区由于经济相对落后,很多人口流入苏南务工,垃圾产量相对较少,因此运行费用全部由政府解决。

江苏省积极引导社会力量参与,比如让民间队伍承包建设运行,然后由政府考核,考核合格后付款,若考核不合格,则可以扣钱。此外,某些地方农委也会给予一个村 5 万~6 万元补助,基本能满足人员费用的需求。

5.2.9　广东省

1. 广东省农村生活垃圾处理概况

广东省下辖 21 个地级市,划分为珠江三角洲、粤东、粤西和粤北四个区域。截至 2019 年末,广东常住人口共 11 521 万,其中乡村常住人口 3295 万,占 30%。

广东省经济实力雄厚，是我国经济规模最大、经济综合竞争力、金融实力最强省份。

面对"垃圾围村"困局，广东省近来从政策、机制、资金等多方面加大农村生活垃圾治理力度，取得了显著成效。

从 2013 年开始，广东提出"户收集、村集中、镇转运、县处理"的工作模式，根据计划，2015 年底前全省须全部建成"一县一场"并投入运营，同时完善"一镇一（转运）站"和"一村一（收集）点"配套设施。截至 2015 年 10 月底，全省 69 个"一县一场"项目，已建成 53 个，16 个全部开工；1049 个乡镇全部建成"一镇一站"，约 14 万自然村全部建成"一村一点"，全省城镇生活垃圾无害化处理率超过 88.34%，75.45%的农村生活垃圾得到有效治理，农村人居环境明显改善。

2015 年，广东省住房与城乡建设厅下发《关于全面开展农村生活垃圾收运处理工作的通知》，明确农村生活垃圾治理三年目标和年度目标，要求到 2017 年底，全省 90%以上的农村生活垃圾得到有效处理，村庄保洁覆盖面达到 90%，农村生活垃圾分类减量比例达 50%，县（市、区）城区和镇建成区生活垃圾处理费收缴率达到 90%以上。同时，广东省环境保护厅于 2014 年下发的《广东省农村环境保护行动计划（2014—2017 年）》也提出了类似目标。

在资金保障方面，广东多措并举，充分发挥政府投入主渠道作用的同时，鼓励各地通过依法征费、吸纳社会和民间资本等方式，建立多元化投入机制。

2012 年，广东省财政新增设立了"广东省农村生活垃圾处理设施建设专项资金"，专项补助农村生活垃圾处理设施建设，预算资金总额达 8.4 亿元。在 2013 年，省财政又安排 2000 多万治污保洁专项资金购买 69 台垃圾压缩运输车补助 69 个县（市、区）农村生活垃圾收运工作。目前，广东各地实施的办法与全国一样，对财政资金基本上是"以奖促治"投入到环境保护中。据了解，截至 2015 年，广东省财政已累计拨付 20.75 亿元用于支持经济欠发达地区市县建立完善生活垃圾收运处理体系。特别是针对粤东、粤西、粤北地区，省财政不断加大农村生活垃圾治理工作的投入，2014 年新增设立"广东省省级农村生活垃圾专项资金"，2014～2015 年资金总额为 11.1746 亿元，用于支持"一县一场"项目建设、完善县域生活垃圾收运处理体系和创建"一市一达标示范县"。

广东省内多地通过各种方式努力拓宽资金筹集渠道，采取"政府补一点、集体出一点、村民筹一点、外出乡贤、企业捐一点"等筹资方式。同时，采用市场化方式，积极探索"村收集、镇转运、县处理"的运营模式，通过政府购买服务，引入社会化、专业化机构负责农村生活垃圾清扫保洁和收运工作。例如，罗定市每年投入 1500 万元购买服务，通过公开招标选择运营企业进行市场化运营，并通过推行网格化管理提升收运覆盖面和收运率。同时，加强政府监督，不仅提高效率，还确保市场化运营有序推进。

广东省探索引导农村将垃圾管理作为村民自治和农村集体经济管理的重要内容，通过村规民约、一事一议，形成保洁制度，收取农村卫生保洁费。据了解，截至 2014 年 8 月，全省 71 个县（市、区）中已有 43 个开征了生活垃圾处理费，平均每个县每年征收额约为 400 万元/a。例如，兴宁市推广了农村生活垃圾收费制度，全市 20 个镇（街）全部开征了生活垃圾费，各村按照一事一议原则向农户收取保洁费，收费标准一般为每户每月 5～10 元，采取分片包干的方式由村干部负责收取，收缴率达到 80%以上，2013 年全年共收取保洁费用约 612 万元。

2. 广东省农村生活垃圾焚烧监管现状

广东省未针对农村生活垃圾焚烧制定单独的监管政策，但是在农村生活垃圾处理立法方面走在国内前列。目前，我国还没有出台专门针对农村生活垃圾管理的法律法规，在现行法律中，只是做出了原则性规定，缺乏可操作性。为此，广东省于 2015 年正式完成了《广东省城乡生活垃圾处理条例》的制定工作。农村生活垃圾管理列入了法规范畴，被提至一个重要高度。

5.2.10　河北省

1. 河北省农村生活垃圾处理概况

河北省地处华北，东临渤海、内环京津，地势西北高、东南低，由西北向东南倾斜。地貌复杂多样，高原、山地、丘陵、盆地、平原类型齐全，有坝上高原、燕山和太行山山地、河北平原三大地貌单元。坝上高原面积 15 954 km²，占全省总面积的 8.5%。燕山和太行山山地面积 90 280 km²，占全省总面积的 48.1%。河北平原区面积 81 459 km²，占全省总面积的 43.4%。地貌的多样性也使得农村生活垃圾收运处理方式多样。河北省下辖 11 个地级市，共有 47 个市辖区、20 个县级市、94 个县、6 个自治县。截至 2019 年末，河北省常住人口为 7591.97 万，其中乡村常住人口 3217.48 万。

在农村生活垃圾治理方面，河北省早期主要以随地填埋处理为主，直接在空地或找个坑堆放垃圾。随着国家对农村环境治理越来越重视，河北省也发布了一些相应的政策，农村生活垃圾也逐渐开始进行集中化的治理。2012 年《河北省"十二五"城镇生活垃圾无害化处理设施建设规划》提出要按照"村收集、乡（镇）转运、县（市）区域处置"的原则，加快城乡生活垃圾收转运体系建设。同时，2012 年，河北省也成为农村生活垃圾连片整治示范省区，优选 200 个片区、3000 个村庄开展示范。实施过程中虽然部分农村生活垃圾处理取得积极成效，但大部分未被选为试点的农村生活垃圾处理设施却严重不足。许多农村都在村头巷尾新建了垃圾池，让村民将垃圾集中堆放。根据《人民日报》报道，河北名城承德市虎沟乡刘家店村的公路边，每间隔 500 m 左右就有个垃圾堆放处，食品包装袋、柴火灰、果皮、玻璃瓶等生活垃圾散落一地，车辆一过，塑料袋、灰土随风飞扬，而虽然村里一年出 2 万元左右雇了 3 个人定期打扫公路，运走垃圾，但因为没人监管、督促，基本每半个月到 1 个月才清运一次。造成这种现象的主要原因还是由于农村长期以来作为被忽视的角落，政策落实不到位、推行农村生活垃圾集中处置需要的资金、设施、管理等各方面的投入难以落实。

为了进一步治理农村生活垃圾，2015 年河北省政府制定了《关于全面推进农村垃圾治理的实施方案》，提出到 2017 年底，全省 90%以上村庄的生活垃圾得到有效治理，到 2020 年农村生活垃圾得到全面治理的目标。而实现这一目标，河北省需每年新增开展生活垃圾治理的村庄 3700 多个。此外，方案中还指出要根据村庄分布、经济条件等因素确定农村生活垃圾收运和处理方式，推行"村收村运村处理""村收村（镇）运镇处理""村收镇运片（县）处理"等多种模式。并优先利用城镇处理设施处理农村生活垃圾，城镇现有处理设施容量不足时应及时新建、改建或扩建；选择符合农村实际和环保要求、成熟可靠的土办法和新技术相结合的终端处理工艺，推行卫生化的填埋、焚烧、堆肥或沼气处理等方式，禁止露天焚烧垃圾，逐步取缔二次污染严重的简易填埋设施及小型焚烧炉等。2016 年制定的《2016 年河北省美丽乡村建设实施方案》则提到要实施垃圾治理专项行动，积极开展农村生活垃圾减量和资源化利用，做好农村生活垃圾源头分类收集工作。采用城乡一体化垃圾处理模式的地方，要合理布置垃圾处理场、垃圾转运设施、村庄垃圾收集设施，实现共建共享。全面推广水泥窑焚烧垃圾的处理方式，有效利用垃圾热能和灰渣，降低污染物排放。2016 年，所有已开展美丽乡村建设的村庄要建立垃圾治理长效机制，全省 70%以上村庄的生活垃圾得到规范有效治理。

2. 河北省农村生活垃圾焚烧监管现状

王晓漩等[21]的调查结果表明：河北省农村生活垃圾日人均产生量介于 0.38～1.19kg/(人·d)，平均值为 0.78 kg/(人·d)，略低于全国平均水平[0.86 kg/(人·d)]。目前，河北省城市生活垃圾处理基本上是三种方式：填埋、堆肥和焚烧。其中以填埋为主，焚烧所占比例不到 10%。由于河北省主要为平原地区，人口密集度比较大，因此，农村生活垃圾焚烧主要是离市、县城较近的农村采用城镇的焚烧垃圾厂进行处置。一些地方市县也鼓励离市区较近的村镇将垃圾集中于城镇垃圾处理厂进行处理，如沧州市发布的《沧州市乡村容貌整治暨美丽乡村建设"百日攻坚"行动方案》中指出"沧州中心城区周边区县要把垃圾集中运送到市垃圾发电厂进行处理，其他县（市、区）以县域或乡镇为单位，对垃圾进行无害化处理，通过集中填埋（填埋场应具有防渗、覆盖和压实等措施）的方式进行处理"。

河北省目前建立的垃圾焚烧发电厂如秦皇岛西部生活垃圾焚烧发电厂、沧州垃圾焚烧发电厂、保定蠡县垃圾填埋气发电厂等均建立在郊区，同时处理量较大，除处置城区的生活垃圾外，一般对周边农村的生活垃圾也进行了集中焚烧处置。而对于离城、县区较远的地区，一般生活垃圾以填埋为主，也有极少数地方建立了小型焚烧设施，但是由于民众接受度和管理问题，目前基本都处停运状态。

5.2.11　山西省

1. 山西省农村生活垃圾处理概况

山西省地处华北西部的黄土高原东翼。东西宽约 290 km，南北长约 550 km，全省总面积 15.63 万 km²。山西位于大陆东岸的内陆，外缘有山脉环绕，因而难以受海风的影响，形成了比较强烈的大陆性气候。山西省共辖 11 个地级市，市辖区 25 个、县级市 11 个、县 81 个，截至 2019 年末，山西省常住人口 3729.22 万，其中乡村常住人口 1508.47 万。山西省是少数民族散居省份，共有少数民族人口 12 万余人，占全省总人口的 0.32%。

在农村生活垃圾处置方面，山西省提出要根据村庄分布、经济条件等因素确定农村生活垃圾收运和处理方式，原则上所有行政村都要建设垃圾集中收集点，逐步提高转运设施及环卫机具的卫生水平，建立与垃圾清运体系相配套、可共享的再生资源回收体系。优先利用城镇处理设施处理农村生活垃圾，选择符合农村实际和环保要求、成熟可靠的终端处理工艺，推行卫生化的填埋、焚烧、堆肥或沼气处理等方式，禁止露天焚烧垃圾，逐步取缔二次污染严重的简易填埋设施及小型焚烧炉等。

山西省为落实住建部等十部门发布的《关于全面推进农村生活垃圾治理的指导意见》，进一步加大农村生活垃圾治理力度，根据《山西省农村垃圾治理实施方案》，提出于 2017 年前，全省每年安排 10 亿元乡村清洁工程补助资金，用于农村清扫保洁队伍配置、垃圾清运车辆购置、垃圾中转站和处理设施建设。到 2020 年，在全省建立完善的农村清扫保洁和垃圾收运处置体系，建立乡村环境卫生整治和资金保障长效机制，因地制宜推行城乡一体化处理、就近集中处理两种农村生活垃圾治理模式，推广符合乡村实际的成熟垃圾处理技术，100%的村庄实现垃圾定点存放清运，90%的村庄生活垃圾得到治理。

2. 山西省农村生活垃圾焚烧监管现状

山西省农村生活垃圾处理主要以填埋为主，占 70%以上，垃圾焚烧占比不到20%。垃圾焚烧处理主要是以城、县区建设的垃圾焚烧厂处置临近的农村生活垃圾。山西省目前推广实行"村收集、镇转运、县处理"模式，该模式是一种连片治理模式，具体为村庄配备垃圾桶、垃圾池，由村民自行将生活垃圾倒入垃圾池中，通过小型垃圾车送至乡镇垃圾转运站，再用转运车辆送往县级卫生填埋场或其他垃圾处理设施进行处理。垃圾处理设施以填埋为主，示范推广小型垃圾清洁焚烧、热解气化等工艺。

为切实做好改善农村人居环境工作，解决农村生活垃圾处置问题，山西省也相继出台了相关的事实方案。2013 公布的《山西省"十二五"城镇生活垃圾无害化处理设施建设实施方案》中，提出要通过以城带乡等多种渠道进一步加大对重点城镇及农村生活垃圾的收转运力度。2016 年公布的《山西省改善农村人居环境2016 年行动计划》中提出要深入推进乡村清洁工程，按照"人员队伍、清扫保洁、垃圾收集处理、村容整饰、长效管理机制"五个全覆盖的总要求，重点抓好深入推进乡村清洁工程，按照国家关于农村生活垃圾治理"五个有"的要求，完成 11个设区市的农村生活垃圾治理专项规划编制，启动 11 个农村生活垃圾治理示范县建设。制定的《山西省农村垃圾治理实施方案》，则提出要"实事求是，因地制宜。根据地形特征、人口规模、经济条件，合理确定不同地区农村的垃圾治理模式，对县城周围 20 km 范围内的村庄垃圾纳入城镇垃圾处理系统，距离县城较远或交通不便的村庄就近处理"。2016 年发布的《2016 年全省村镇建设工作要点》也提出要"启动农村垃圾治理示范县建设。每市选择 1 个示范县，重点开展卫生填埋场、垃圾中转站建设，推广热解气化处理设施等垃圾无害化处理新技术"。

5.2.12　山东省

1. 山东省农村生活垃圾处理概况

山东省位于中国东部沿海、黄河下游。境域包括半岛和内陆两部分，山东半岛突出于渤海、黄海之中，同辽东半岛遥相对峙；内陆部分自北而南与河北、河南、安徽、江苏四省接壤。山东地形，中部突起，为鲁中南山地丘陵区；东部半岛大都是起伏和缓的波状丘陵区；西部、北部是黄河冲积而成的鲁西北平原区，是华北大平原的一部分。山东省辖 16 个地级市，共 57 个市辖区，27 个县级市，53 个县，合计 137 个县级行政区。664 个街道、1092 个镇、68 个乡，合计 1824 个乡级行政区。截至 2019 年末，山东省常住人口 10 070.21 万。

为改善农村人居环境，提升农村人居环境质量，2014 年山东省发布的《改善农村人居环境的实施意见》中提出要完善"户集、村收、镇运、县处理"的垃圾处理体系，积极推行垃圾分类收集，逐步取缔露天垃圾池、垃圾房等非密闭式垃圾收集设施，2015 年底实现农村生活垃圾处理全覆盖。2016 发布了《关于建立健全城乡环卫一体化长效机制的意见》，提出在农村生活垃圾处理方面要"推广市场化运营模式，通过 PPP、特许经营、政府购买服务等方式，鼓励各类专业化环卫保洁企业参与农村生活垃圾收运、分类与处理""科学选择垃圾收运、处理模式，形成县（市）集中处理为主、镇村分散处理为辅的终端处理模式"。"把城乡环卫一体化工作实践中形成的农村生活垃圾治理村规民约，作为实施乡村文明行动的重要内容，发动农民群众共同参与生活垃圾治理工作"。目前，山东省有 30 多个市（县）相继成立专业化环卫保洁公司，60 多个县（市、区）采用市场化运作的模式。放开农村环卫保洁市场，鼓励各类社会资金投资建设运营农村生活垃圾收运设施。目前有 35%的垃圾处理场有社会资金投入，吸引资金近60 亿元。

2. 山东省农村生活垃圾焚烧监管现状

山东省提出要根据经济社会发展实际和镇村分布，加强不同生活垃圾处理技术的经济、技术比较，科学确定不同地区的垃圾收运、处理模式，形成县（市、区）集中处理为主、镇村分散处理为辅的终端处理模式。分散处理设施建设应经过环保部门审核同意，配套建设环保设施，加强运行监管，有效避免垃圾处理过程中的二次污染。根据垃圾处理量和当地产业条件，对垃圾填埋场、焚烧厂以及生产过程协同处理等进行统筹安排、科学规划，做好工程选址、项目立项、工艺选型、投资测算等项目储备工作。

近年来，山东省积极推进城市环卫保洁向村镇延伸，基本实现了生活垃圾"户集、村收、镇运、县处理"的城乡环卫一体化处理模式，农村生活垃圾得到有效治理。目前山东省共建成运行生活垃圾无害化处理场 108 座，建成垃圾中转站 1806 个，购置清运车辆 13.9 万辆，配置垃圾桶 205 万个，配备农村保洁员 24.96 万人，基本满足了保洁、收集、转运、处理需求。从 2015 年起山东深入实施城乡垃圾处理工程，全面提高城乡生活垃圾处理水平。全省 17 个城市在确保现有生活垃圾卫生填埋的基础上，积极推进焚烧处理，邻近市县可以区域共享共同建设垃圾焚烧项目。2016 年第一季度，山东全省共无害化处理农村生活垃圾 579.6 万 t，其中焚烧处理 213.3 万 t。山东省目前投产运行的 116 座生活垃圾处理场（厂）中，有 26 座垃圾焚烧（发电）厂，焚烧处理能力 2.02 万 t/d。

5.2.13　河南省

1. 河南省农村生活垃圾处理概况

河南省位于中国中东部、黄河中下游，呈西高东低地势，北、西、南三面千里太行山脉、伏牛山脉、桐柏山脉、大别山脉沿省界呈半环形分布；中部、东部为华北平原；西南部为南阳盆地。河南省下辖 17 个地级市，1 个省直辖县级市，21 个县级市，83 个县，53 个市辖区。截至 2019 年末，河南省常住人口 9640 万，其中乡村常住人口 4511 万，占 46.79%。

河南省是农业大省，农村人口较多，农村生活垃圾污染问题也比较突出。河南在农村生活垃圾治理方面起步较晚，农村生活垃圾还多以随意堆放为主。2013 年发布的《河南省"十二五"城镇生活垃圾无害化处理设施建设规划》提出要"重点完善'村收集、乡运输、市县处理'的垃圾收运处理系统，建有垃圾处理设施的重点镇和人口大镇以卫生填埋为主"。近两年来，河南省积极开展改善农村人居环境工作，清理农村积存垃圾，探索建立村庄长效保洁机制，农村环境面貌发生了显著变化。但由于河南省农村面积大、村庄数量多和基础设施落后等方面原因，农村生活垃圾治理水平与其他省份还有一定差距。河南省发布的《2015年村镇建设工作要点》提出要实施农村生活垃圾治理三年专项行动。会同省委农村工作办公室等部门持续改善农村人居环境，制定省农村生活垃圾三年行动方案，力争 3 年内实现全省 90%的村庄生活垃圾得到有效治理。

2. 河南省农村生活垃圾焚烧监管现状

河南省的农村生活垃圾处理主要以填埋为主，有少数村镇采用了农村生活垃圾小型焚烧炉焚烧处置方式。2015 年河南省制定了《河南省 2015 年农村环境综合整治工作实施方案》，指出要建立和完善"户分类、组收集、村转运、镇处理"的城乡生活垃圾一体化处置工作体系。在镇政府的统一协调部署下，各村要因地制宜建设垃圾填埋设施 1～2 处，明确管理责任，确保农村生产生活垃圾处置行之有效，减轻整治和保洁工作难度。2016 年制定了《河南省改善农村人居环境五年行动计划（2016—2020 年）》，提出要"实施农村生活垃圾治理专项行动，按照国家农村生活垃圾治理验收的'五有'标准推进工作"；"完善垃圾处理设施，县域按照城乡一体原则合理建设垃圾处理厂（场），乡镇完善垃圾转运设施，有条件的可独立或共建垃圾处理厂（场）"；"妥善处理垃圾，靠近垃圾处理厂（场）的，按照'村收集、镇转运、县处理'的模式处理；偏远分散村庄的垃圾尽量就地减量处理，不具备条件的应妥善储存、定期外运处理"。

5.2.14　北京市

1. 北京市农村生活垃圾处理概况

北京位于华北平原北部，气候为典型的北温带半湿润大陆性季风气候。北京市山区面积 10 200 km²，约占总面积的 62%，平原区面积为 6200 km²，约占总面积的 38%。北京市平均海拔 43.5 m。北京平原的海拔高度在 20～60 m，山地一般海拔 1000～1500 m。

北京市环境卫生设计科学研究所检测的农村地区生活垃圾物理成分显示农村

生活垃圾以厨余垃圾和灰土为主，二者含量之和介于 75.6%～88.3%。北京市农村生活垃圾主要采用两种收运及处理模式。一种是压缩转运模式，收运流程为村收集—镇转运—区（县）处理，通过建设镇（乡）压缩式转运站，转运站前端配备中小型收集运输车，到各村巡回收集垃圾，运送到转运站压缩后，再由转运车运送到区（县）垃圾处理设施进行集中处理。另一种是直运模式，收运流程为村收集—区（县）运输—区县处理，即不建设镇（乡）一级的压缩式转运站，代之由每村建设一座垃圾收集站（或垃圾房、收集点），收集生活垃圾，存满后由区（县）环卫部门运送至区（县）垃圾处理设施处理。

北京市农村生活垃圾处理主要以焚烧、生化处理和填埋为主。随着北京开展垃圾焚烧厂的建设，北京焚烧、生化处理等资源化处理所占比例逐年上升，2015 年已经由 2014 年的 50%提高到 70%，填埋比例大大减少。

2. 北京市农村生活垃圾焚烧监管现状

北京市城乡一体化水平较高，对于农村生活垃圾处置并未发布专门政策，而是统一发布生活垃圾处置的相关条例、方案等。北京于 2011 年发布了《北京市生活垃圾管理条例》提出生活垃圾处理设施要按照规定处置生活垃圾处理过程中产生的污水、废气、废渣、粉尘等，保证生活垃圾集中转运、处理设施的排放达到国家和本市有关标准。2015 年，《北京市生活垃圾处理设施建设三年实施方案（2013—2015 年）》中提出要加快推进生活垃圾焚烧和生化处理设施建设。确保鲁家山垃圾分类处理焚烧发电项目、南宫生活垃圾焚烧厂、朝阳区生活垃圾综合处理厂焚烧中心、海淀区循环经济产业园再生能源发电厂、顺义区生活垃圾处理中心——焚烧二期、通州区生活垃圾综合处理中心、丰台区生活垃圾处理厂、焦家坡垃圾综合处理厂等一批生活垃圾资源化处理设施建成并投入使用，使全市生活垃圾焚烧和生化处理能力达到 23 100 t/d。垃圾焚烧和生化处理等资源化处理比例达到 70%以上，填埋处理比例降至 30%以下。

《北京市生活垃圾管理条例》第四条规定："街道办事处和乡镇人民政府负责本辖区内生活垃圾的日常管理工作，指导居民委员会、村民委员会组织动员辖区内单位和个人参与生活垃圾减量、分类工作"。第四十九条规定："区人民政府可以建立农村地区生活垃圾收集运输队伍，或者通过公开招标投标等方式委托具备专业技术条件的单位，负责农村地区的生活垃圾分类收集、运输。农村地区产生的厨余垃圾，应当按照农业废弃物资源化的要求，采用生化处理等技术就地或者集中处理。农村村民日常生活中产生的灰土，应当选择在远离水源和居住地的适宜地点，采用填坑造地等方式处理。"

5.2.15　辽宁省

1. 辽宁省农村生活垃圾处理概况

辽宁省位于中国东北地区南部，是东北地区唯一的既沿海又沿边的省份。辽宁省地势大致为自北向南，自东西两侧向中部倾斜，山地丘陵分列东西两厢，向中部平原下降，呈马蹄形向渤海倾斜。辽东、辽西两侧为平均海拔 800 m 和 500 m 的山地丘陵；中部为平均海拔 200 m 的辽河平原；辽西渤海沿岸为狭长的海滨平原，称"辽西走廊"。辽宁省共辖 14 个地级市，共有 59 个市辖区，16 个县级市，17 个县，8 个自治县。截至 2019 年末，辽宁省常住人口 4351.7 万，其中乡村常住人口 1387.8 万。辽宁省是全国少数民族人口较多的省份之一。全省有 51 个少数民族，少数民族人口 670 万。

辽宁省乡镇和农村生活垃圾处理的方法大多采用传统的堆放填埋方式。据纪忠义等[62]调研，辽宁省 2013 年农村生活垃圾按照堆放方式区分，村定点堆放占 46.8%，统一收集占 5.9%，居民随意丢弃占 47.3%。按村级生活垃圾收集处理方式区分，采用垃圾填埋或简易填埋方式的占 47.7%，采用焚烧、高温堆肥及其他方式占 52.3%。现场调查统计结果，村级生活垃圾处理达到垃圾无害化处理方式的仅占 17.3%。而据王翎均对辽宁省抚顺市抚顺县某村农村垃圾抽样分析[16]，6~8 月平均每日每人产生生活垃圾 0.97 kg，抽样农村生活垃圾组成以有机垃圾和草木灰为主，二者合计占垃圾组成的 50% 左右，农村生活垃圾的组成为有机垃圾＞草木灰＞砖瓦灰土＞纸类＞塑料橡胶＞废木＞食品包装＞玻璃＞纺织品＞金属＞卫生厕纸＞电池。根据 2016 发布的《辽宁省十三五规划纲要》，提出要以村庄环境整治为重点，建设"环境整洁、设施完善、生态优良、传承历史、富庶文明"的宜居乡村。治理乡村环境。建立户集、村收、镇运、县处理的运行体系，完善垃圾收集转运和集中处理设施布局，逐步推行垃圾分类减量和资源化利用。

2. 辽宁省农村生活垃圾焚烧监管现状

辽宁省在 2010 年发布的《关于深入落实"以奖促治"政策推进农村环境连片整治示范工作的指导意见》中提出对于生活垃圾处理技术，鼓励生活垃圾分类收集，设置垃圾分类收集容器；采用"户分类、村收集、乡（镇）转运、县（区）处理"城乡生活垃圾一体化处置技术模式；乡镇建设可覆盖周边村庄的区域性垃圾转运设施，纳入县级以上垃圾处理设施统一处理；布局分散、经济欠发达、交通不便的村庄，采用"就地分拣、综合利用、就地处理"的垃圾收集处理模式。2013 年省政府出台了《关于全面开展农村环境治理的实施意见》，根据意见要求全省开展了农村环境治理工作，垃圾处理设施基本建成。2014 年发布的《辽宁省人民政府关于开展宜居乡村建设的实施意见》提出"到 2017 年，全省创建 100 个'宜居示范乡'、1000 个'宜居示范村'（美丽乡村）、10 000 个'宜居达标村'，通过典型示范，带动宜居乡村建设。到 2020 年，建成一批'环境整洁、设施完善、生态优良、传承历史、富庶文明'的宜居乡村"，同时提出要"开展垃圾治理：建立户集、村收、镇运、县处理的运行体系，完善垃圾收集转运和集中处理设施布局，逐步推行垃圾分类减量和资源化利用，垃圾日产日清不积存"。

2018 年，辽宁省财政厅、省生态环境厅、省农委下发通知，2018～2020 年，利用一事一议财政奖补资金，采取"以奖代补"方式，推广新宾满族自治县农村生活垃圾分类减量治理经验和做法。2019 年、2020 年，省一事一议奖补资金分配与对各地区绩效考评挂钩。对能够持续做好村内生活垃圾分类减量的行政村可支持 3 年，第二年奖励 6 万元，第三年奖励 7 万元。各县（市）可依据所属行政村及所属自然屯生活垃圾处理具体情况进行奖励。

5.2.16 浙江省

1. 浙江省农村生活垃圾处理概况

浙江省地处中国东南沿海长江三角洲南翼，东临东海，南接福建，西与安徽、江西相连，北与上海、江苏接壤。浙江省是典型的山水江南，被称为"丝绸之府""鱼米之乡"。浙江省地形自西南向东北呈阶梯状倾斜，西南以山地为主，中部以丘陵为主，东北部是低平的冲积平原。大致可分为浙北平原、浙西丘陵、浙东丘陵、中部金衢盆地、浙南山地、东南沿海平原及滨海岛屿等 6 个地形区。浙江省下辖 11 个省辖市，20 个县级市，32 个县，1 个自治县，37 个市辖区。截至2019 年末，全省常住人口约 5850 万。

浙江省的农村生活垃圾处理工作从 2005 年开始，按照《关于规范生活垃圾无害化处置设施建设的通知》要求，到 2017 年，浙江省县以上城市生活垃圾无害化处理率达到 92%，农村生活垃圾收集率达到 60%。浙江省农村生活垃圾的突出特点是含水率高，最高可达到 60%，而且随着季节不同，垃圾含水率变化幅度也较大；城镇生活垃圾中厨余垃圾比例较高，约占 20%~60%；渣土含量在不断减少，大约占 10%~30%，其余为可回收废品类，约占 20%~40%。目前浙江省根据各地情况，建立了不同的垃圾处理模式，在平原发达和交通便利的地区实行"户收、村集、农村中转、县市处置"的原则；在山区、海岛和交通不便的地区，推行"集中收集、就地分拣、综合利用、无害化处理"的模式。

但是从实际的操作结果来看，对于中转到县市处理这种模式，往往运输成本过高，同时随着农村生活垃圾量的增加，部分县市集中处置设施由于当初设计时并没有考虑周边农村生活垃圾处理容量，出现无法消纳的情况。对于就地分拣综合利用则由于末端处置设施缺乏，最终仍然只能采用就地简易填埋处置。

2. 浙江省农村生活垃圾焚烧监管现状

《浙江省城镇生活垃圾无害化处理设施建设"十三五"规划》中提出，到"十三五"末，全省城镇生活垃圾减量化、无害化和资源化能力显著增强，实现三个"全覆盖"，即建制镇以上垃圾处理设施或处理能力实现全覆盖、设区市市区垃圾分类收集处理基本实现"全覆盖"、餐厨垃圾资源化综合利用能力基本实现"全覆盖"。

垃圾处理方面，需合理选择技术路线。坚持资源化优先，因地制宜选择安全可靠、先进环保、省地节能、经济适用的处理技术，优化采用焚烧处理技术，减少原生生活垃圾填埋量，有条件的设区市努力实现原生垃圾"零填埋"。对条件允许的地区，鼓励采用多种处理技术有效集成、合理配置的综合处理技术，鼓励垃圾焚烧厂与垃圾卫生填埋场配合使用，卫生填埋场进一步从原生垃圾填埋向残渣填埋或应急处理发展。鼓励进行技术创新，对于采用新的垃圾处理方式并取得成功的项目，省有关部门将积极推广。对焚烧飞灰、垃圾渗滤液等应采取先进技术处理。

5.2.17　湖北省

1. 湖北省农村生活垃圾处理概况

湖北省有 12 个地级市、1 个自治州、4 个省直辖县级行政单位，共有 25 个县级市，36 个县，2 个自治县，1 个林区，东、西、北三面环山，中部为"鱼米之乡"的江汉平原。截至 2019 年末，湖北省常住人口 5927 万，其中乡村常住人口 2311.53 万。

2012 年 12 月 5 日至 2013 年 3 月 5 日，湖北开展了"万名干部进万村洁万家"活动，把完善村庄环境设施、整治农村环境卫生、改善村容村貌、建立农村环境卫生管护长效机制、促进乡风文明、生态文明作为主要任务，对农村生活垃圾治理起到了积极推动作用。

2013 年，湖北省被住建部确定为全国县域农村生活垃圾城乡统筹治理两个试点省份之一。同年，湖北省委办公厅、省人民政府办公厅发布了《关于开展农村生活垃圾治理创建"美丽家园、清洁乡村"活动的实施意见》，强力推进城乡生活垃圾统筹治理发展进程。

2013 年 2 月 20 日，湖北省住建厅和省环保厅联合出台《关于进一步加强农村生活垃圾处理工作的意见》，从 9 个方面对科学选择农村生活垃圾处理方式提供了详尽的操作细则。对至乡镇垃圾填埋场超过 15 km 的偏远村庄，鼓励推行农家堆肥，或采取"户集中、村庄收集、村庄填埋"方式；对至县城垃圾填埋场超过 20 km 的乡镇、至乡镇垃圾填埋场不超过 15 km 的村庄，鼓励采取"户集中、村收集、乡处理"方式；对至县城垃圾填埋场不超过 20 km 的乡镇、村庄，鼓励采取"户集中、村收集、乡转运、县处理"方式。在垃圾分类上，引导农民将有机垃圾和可回收垃圾回收利用，变废为宝，进行资源再利用，从源头上实现减量化。对无机垃圾可运用市场的办法进行处理，由废旧物资回收企业或垃圾焚烧发电厂、焚烧厂进行再利用。对既不能再利用又不可回收垃圾，集中后通过垃圾填埋场进行填埋，进行无害化处理。

2. 湖北省农村生活垃圾焚烧监管现状

湖北省以城乡统筹为主导思想治理农村生活垃圾，目前尚未针对农村生活垃圾小规模焚烧出台针对性监管办法。

2018 年，省住建厅与华中科技大学联合编制了《湖北省城乡生活垃圾治理技术导则》，该导则规定城乡生活垃圾统筹治理以实现垃圾减量化、资源化、无害化为基本目标，依据不同地区的经济发展水平，因地制宜地选择技术可行、经济有效、管理简便的治理措施，应有利于生活环境卫生作业和对环境污染的控制。城乡生活垃圾治理应在"省级统筹协调、市级组织推动、县级主体责任、镇村具体实施、发动农民参与"的工作机制基础上,按照统一领导、分级管理、上下联动、城乡一体的原则。各县(市)应编制城乡生活垃圾统筹治理规划,在县域范围内统筹布局生活垃圾收运处理工作,形成因地制宜的卫生填埋、焚烧处理、协同处置、堆肥存量垃圾治理等技术体系。在农村生活垃圾治理方面,推进农村生活垃圾源头减量和资源回收,根据人口、地理、经济等条件,科学确定收集、转运和处理模式,防止简单照搬城市模式和治理标准"一刀切";应配置足够的村庄垃圾收集点、清扫工具、收集车辆等设施设备,确保垃圾及时收集,建立稳定的村庄保洁队伍;应配置足够的乡镇转运站和转运车辆,确保垃圾能及时清运;垃圾处理设施的容量应满足农村生活垃圾处理的需求,确保垃圾有效处理;全面开展对存量垃圾的清理和治理工作。该导则,覆盖率了城乡生活垃圾从规划至处理的全部流程。

5.2.18 海南省

海南省位于中国最南端,北以琼州海峡与广东省划界,西临北部湾与广西壮族自治区和越南相对,东瀬南海与台湾省对望,东南和南边在南海中与菲律宾、文莱和马来西亚为邻。海南省下辖 4 个地级市,5 个县级市,4 个县,6 个自治县。截至 2017 年末,全省常住人口 925.76 万。海南岛四周低平,中间高耸,以五指山、鹦哥岭为隆起核心,向外围逐级下降。山地、丘陵、台地、平原构成环形层状地貌,梯级结构明显。

海南省按照《住房城乡建设部等部门关于全面推进农村垃圾治理的指导意见》中"到 2020 年全面建成小康社会时,全国 90%以上村庄的生活垃圾得到有效治理,实现有齐全的设施设备、有成熟的治理技术、有稳定的保洁队伍、有长效的资金保障、有完善的监管制度"的要求,制定了《海南省农村生活垃圾治理指导意见(2015—2017 年)》,提出开展农村生活垃圾治理专项行动,到 2017 年,使全省 90%村庄的生活垃圾得到有效治理,落实机构、人员、经费、制度、设备,实现有完备的设施设备、有成熟的治理技术、有稳定的保洁队伍、有完善的监管制度、有长效的资金保障,农村生活垃圾治理工作通过国家评估考核验收。

海南省采取多项举措推进农村生活垃圾治理工作。海南省制定了农村生活垃圾清扫、保洁和转运的标准。每天安排专人专门收集垃圾处理情况信息,每天发布一条提醒脏乱差的信息;每周在海南电视台通报海南农村生活垃圾治理的相关新闻;每个季度会进行卫生排名,并且制定了一套细则;每年会有评比排名。海南省总体上以"村收集、乡(镇)转运、县(市)处理"模式为主,边缘的地区允许就地填埋、分类处理。目前全省除极少数边远地区外，基本上覆盖了转运站。

海南省每年在农村生活垃圾治理设备设施方面投入 5000 万元左右，转运站的建设方面也有超过 5000 万元投入。

海南省土地资源宝贵，不主张一味填埋，否则土地填一片少一片。海南近年力推焚烧，但是禁止露天焚烧。目前海南在海口、三亚、琼海、儋州已建成 4 座垃圾焚烧发电厂，每日可焚烧垃圾 2350 t。未来海南在边远地区可能会建设小型垃圾焚烧设施，目前受限于资金问题而尚未开建。

5.2.19　重庆市

重庆市地处西南，东邻湖北、湖南，南靠贵州，西接四川，北连陕西。重庆市地势由南北向长江河谷逐级降低，西北部和中部以丘陵、低山为主，东南部靠大巴山和武陵山两座大山脉，坡地较多，有"山城"之称。重庆下辖 26 个区，8 个县，4 个自治县。截至 2019 年末，重庆市常住人口 3124.32 万，其中农村常住人口约 1037.33 万。

重庆市垃圾处理以填埋为主，只有主城区建有两个垃圾焚烧发电厂。重庆市农村生活垃圾产生量约 140 万 t/d，每年收集系统的运行费用估计需 4 亿元。目前镇转运和县市处理系统已经非常完善，但是村收集系统未建成。在重庆市，村收集是最贵的，因为重庆市是山区，村庄分散，坡多路陡，普通的人力车收集无法推行，必须配驾驶员和汽车才可以。因此，目前重庆市农村生活垃圾以简易填埋和随意堆放为主。

重庆市目前主要由市政部门在管农村生活垃圾事务，但是只对接到乡镇层面，未落实到村落。

5.3　农村生活垃圾小型焚烧监管存在的问题

5.3.1　现有法律法规体系存在的问题

从我国法律法规体系现状可以看出，目前垃圾处理的立法仍然集中在城市和工业上，极少涉及农村，不仅缺少以农村生活垃圾处理为主体的法律，并且地方法规极不健全。这些特点不仅加大了农村生活垃圾处理的难度，而且在无形中削弱了相关监管工作的力度。对于农村生活垃圾焚烧而言，在法律法规缺失、不健全的背景下,其监管工作将困难重重。

(1)缺少以农村生活垃圾处理为主体的法律

目前我国已颁布的环保法律,或以自然资源为主体,或以污染防治为主体,或以城乡规划问题为主体,或以农业生产为主体,却没有以农村生活垃圾处理为主体的法律。与垃圾处理相关的法律条文主要针对城市垃圾处理问题,而有关农村生活垃圾处理的法律条文只是分散《中华人民共和国环境保护法》《中华人民共和国国体废物污染环境防治法》等少数法律的章节之中,且相关条文都是简单化、笼统性的规定,可操作性较差,依法治理农村生活垃圾在短期内难以实现。

(2)地方法规不健全

目前仅少数省份制定了固体废物污染环境防治法规或城乡生活垃圾处理条例,大多数省份尚未开展相关立法工作。同时,已发布的地方法规全部具有明显的"城详乡简"或"城有乡无"的特点,除《广东省城乡生活垃圾处理条例》对农村生活垃圾收集、转运、处理处置等各个环节做出了相对全面、具体的要求外,其他地方法规仅在少数条文中提出关于农村生活垃圾处理模式和原则的笼统要求,实施起来难度极大。以四川省为例,虽然在制定的条例中提出将农村生活垃圾按照"户分类、村收集、镇转运、县处理"的方式,纳入城镇垃圾处理系统,但从目前的现实情况看,由于经济发展水平、地理特征等因素制约,四川省内大部分地区难以实现将农村生活垃圾纳入城镇垃圾处理系统。

5.3.2 现有标准体系存在的问题

(1)缺乏以农村生活垃圾焚烧处理为主体的排放标准和技术标准

目前我国与生活垃圾焚烧处理相关的 1 项排放标准和 18 项技术标准,基本都是以城市大型生活垃圾焚烧设施为对象制定的。农村垃圾焚烧设施的经济投入水平、技术水平、运营维护水平都与城市大型垃圾焚烧差距巨大,难以直接适用这些排放标准和技术标准。这 19 项标准中,可以直接参照执行的仅《生活垃圾处理技术指南》和《生活垃圾焚烧炉渣集料》两项,其他均难以执行。尤为重要的是,农村生活垃圾焚烧设施若强制执行《生活垃圾焚烧污染控制标准》的技术要求、运行要求、排放控制要求和监测要求,可能会导致排放数据造假、落后淘汰先进、阻碍农村垃圾治理等严重问题。

（2）技术标准协调性欠佳

18 项技术标准基本形成了内在联系紧密的有机整体，但仍存在交叉重复或冲突之处。比如，在适用的焚烧规模上，没有统一分类，且存在较大差异，《生活垃圾焚烧处理工程项目建设标准》《生活垃圾焚烧处理工程技术规范》要求全厂总焚烧能力不小于 150 t/d，《环境保护产品认定技术要求 生活垃圾焚烧炉》适用最小处理能力则为 50 t/d。再如，《生活垃圾焚烧炉及余热锅炉》《环境保护产品认定技术要求 生活垃圾焚烧炉》《垃圾焚烧锅炉 技术条件》等标准都对生活垃圾焚烧炉提出了技术要求，重复较多。

5.3.3　典型省市农村生活垃圾小型焚烧设施监管面临的问题

（1）法律法规依据缺失

在城乡二元结构体制下，我国垃圾污染防治立法主要着眼于城市，极少涉及农村。目前，国家法律仅《环保法》《固废法》等对农村生活垃圾处理做出了笼统、分散、简单的规定，没有约束性细则。只有北京、广东、江苏、福建、浙江、四川、河南、辽宁等少数省（直辖市）制定了垃圾污染防治的地方法规，并且除《广东省城乡生活垃圾处理条例》对农村生活垃圾收集、转运、处理等各个环节做出了相对全面、具体的要求外，其他地方法规仅在少数条文中提出关于农村生活垃圾处理模式和原则的笼统要求。同时，没有任何一部法律法规纳入农村生活垃圾焚烧及其二次污染控制的内容。因此，各地普遍面临农村生活垃圾处理法律法规依据缺失的问题，依法监管农村生活垃圾焚烧暂且无从谈起。

（2）多头监管现象突出

农村生活垃圾处理问题涉及住建、环保、农业、卫生、财政等多个部门。在省厅级机构中，大多数省份通常由住建和环保部门承担农村生活垃圾处理的相关职能。还有少数省份由省委农村工作办公室或农工委统领全省农村生活垃圾处理工作。住建厅通常由村镇处主管农村生活垃圾焚烧相关的建设工作；生态环境厅通常由自然生态处或者污染防治处主管农村生活垃圾焚烧相关的环境监管工作。部分省份中，生态环境厅也会兼管部分农村生活垃圾焚烧的建设工作。各地县市通常会在住建局和生态环境局设置与省厅对应的科室，主管当地的农村生活垃圾处理事宜。在乡镇一级，则基本未建立对应的机构。目前没有一个部门能将农村垃圾焚烧管理相关职能全部纳入职责范围，相关职能和项目资金分散在各个部门中，部门之间沟通协作机制普遍不畅，导致分工不够明确、责任难以落实，无人监管或监管不到位的问题比较严重。

（3）焚烧边界条件模糊

《国务院办公厅关于改善农村人居环境的指导意见》及《关于全面推进农村垃圾治理的指导意见》对农村垃圾处理模式及终端处置技术做出了纲领性规定。《国务院办公厅关于改善农村人居环境的指导意见》指出"交通便利且转运距离较近的村庄，生活垃圾可按照'户分类、村收集、镇转运、县处理'的方式处理；其他村庄的生活垃圾可通过适当方式就近处理。"《关于全面推进农村垃圾治理的指导意见》指出"优先利用城镇处理设施处理农村生活垃圾，城镇现有处理设施容量不足时应及时新建、改建或扩建；选择符合农村实际和环保要求、成熟可靠的终端处理工艺，推行卫生化的填埋、焚烧、堆肥或沼气处理等方式，禁止露天焚烧垃圾，逐步取缔二次污染严重的简易填埋设施以及小型焚烧炉等。边远村庄垃圾尽量就地减量、处理，不具备处理条件的应妥善储存、定期外运处理。"根据两个纲领性指导意见的精神，农村生活垃圾小型焚烧适用于交通不便利、转运距离较远的农村地区，并且必须采用二次污染较轻的焚烧技术。目前，各省市基本尚未结合本地地形、气候、经济等实际情况，划定明确的小型焚烧许可边界条件，大多仅套用两个纲领性指导意见的相关精神，操作性不强，导致多地出现焚烧设施遍地开花且技术水平良莠不齐、全盘否认小型焚烧、重焚烧设施建设轻运营维护等问题。

（4）资金保障机制不健全

资金保障是提高污染控制和监管水平的重要条件，缺乏资金保障将直接导致农村生活垃圾焚烧设施难以采取完善的二次污染控制措施。农村生活垃圾焚烧是解决农村生活垃圾治理问题的关键一环，也是公益性强、投资运营成本高、投资回报率低的领域，对社会资金缺乏吸引力，因此各地在推动农村生活垃圾焚烧项目建设时，大多以各级政府投入为主。在经济欠发达的农村地区，财政本来就很紧张，要投入大量资金用于农村生活垃圾治理显得力不从心。面对垃圾治理的巨大压力，很多地方只能减少单个项目的投资金额，从而在一定程度上牺牲了二次污染控制水平。

（5）污染控制标准难以适用

《生活垃圾焚烧污染控制标准》（GB18485—2014）中的技术要求、运行要求、排放控制要求、监测要求等规定均为大型垃圾焚烧发电厂量身定做，不符合农村生活垃圾焚烧的实际情况，难以适用于农村生活垃圾焚烧设施。农村生活垃圾焚烧设施参照执行 GB18485—2014 标准将会出现一系列问题。如 GB18485—2014 规定二噁英类浓度限值 0.1 TEQ ng/m³，只有自动化程度高、燃烧稳定、进炉垃圾筛分较好、尾气处理系统非常完善的大型垃圾焚烧厂以较高的运行成本为代价才能达到，农村生活垃圾焚烧设施若强制执行这一限值，将导致监测数据普遍造假，行业乱象丛生。目前各地农村生活垃圾焚烧环境监管处于一种尴尬境地，若参照 GB18485—2014 监管，可操作性差，若不监管，则无法有效控制二次污染，甚至可能导致各种污染严重的低端焚烧设施遍地开花。

（6）技术标准缺失

目前我国与生活垃圾焚烧处理相关 18 项技术标准，基本都是以城市大型生活垃圾焚烧设施为对象制定的。农村生活垃圾焚烧设施的经济投入水平、技术水平、运营维护水平都与城市大型焚烧差距巨大，较多技术标准难以参照执行。各地在探索推广先进农村生活垃圾焚烧技术的同时，也在探索制定地方技术标准，比如广西出台了《广西农村生活垃圾处理技术指引（试行）》，福建出台了《福建省农村生活垃圾焚烧处理指导意见》，青海省出台了《生活垃圾小型热解气化处理工程技术规范》。总体而言，目前国家对农村生活垃圾焚烧的技术标准严重缺失，并且仅少数地方在推动地方技术标准的制定工作，因此难以对农村生活垃圾焚烧技术和设施进行标准化管理。

第6章 发达国家农村生活垃圾处理及监管

6.1 发达国家农村生活垃圾处理概况

近年来，随着世界各国经济的发展和居民生活水平的提高，城乡垃圾的产生越来越多，农村垃圾处理也成了一个日益重要的问题。发达国家对农村生活垃圾的处理有比较完善的制度，比如：制定科学合理的法律法规，为农村生活垃圾的处理提供法律依据；建立系统与有效的管理和运作模式，为农村生活垃圾的处理提供切实保障；进行科学的垃圾分类，为农村生活垃圾的处理奠定坚实基础；实行多渠道多种类的收费办法，为农村生活垃圾的处理提供充足资金等。

为了解决生活垃圾问题，各国政府出台了各种针对性的政策、法规，加强生活垃圾的处置与管理。科技水平的提高，为生活垃圾的多样化处理提供了可能，政策的方向也随之改变，从最初的无害化处理逐渐过渡到减量化、资源化处理，尤其是在世界能源危机爆发和自然资源日益稀缺的情况下，人们从被动消极地处理生活垃圾转变成积极削减垃圾的产生量。由于垃圾焚烧技术具有减容、去毒、能源回收等优点，是目前各国普遍应用的生活垃圾处置方式之一。

欧美和日本等经济相对发达，城乡一体化程度比较高，农村生活垃圾处理与城市没有显著区别，统一由政府管理或委托社会企业管理生活垃圾处理问题，建立了相对完善的管理体制。这些国家生活垃圾治理起步早，处理技术相对成熟，主要有焚烧、填埋、堆肥和回收利用，最终的处理目标都是无害化、资源化和减量化。目前，焚烧工艺相对成熟，是目前世界各国普遍采用的垃圾处理方式之一，尤其是在日本、德国等有较广泛的应用。

6.1.1 日本农村生活垃圾处理概况

焚烧是日本最主要的农村生活垃圾处理方式。日本是目前生活垃圾焚烧技术最先进的国家，焚烧厂的数量位于世界第一位。日本政府为垃圾焚烧建立了一套与其政治体制和行政管理体制相适应的扶持政策体系，它有中央政府扶持政策体系和地方政府扶持政策体系两个层次，涉及政府、社会、公民三个主体，明确各方责任和义务。

日本政府对农村生活垃圾焚烧从新能源战略规划的角度加以引导，并采取一系列强制措施保障农村生活垃圾焚烧的发展。这些措施主要体现在其法律扶持体系，日本政府推动制定和修订完善了大量的扶持法律和法规，如《废弃物处理法》（1970 年）、《环境基本法》（1993 年）、《关于促进新能源利用的特别措施法》（1997 年）等，这些法律法规为日本政府发展垃圾焚烧产业提供了制度环境、政策依据、发展契机。这些法律的制定和修订也体现了政府对于垃圾焚烧产业的倾向性政策，包括向垃圾焚烧发电厂提供政府补贴，对其税收采取优惠政策，甚至免税，技术开发支持，示范项目，政府绿色采购，强制目标制度。日本政府对生活垃圾焚烧在技术研发等方面给予支持，资料表明，为鼓励垃圾焚烧等新能源产业的技术创新，日本中央政府每年给予地方政府投资 20%～30%的财政补贴。在预算方面，为支持中小型环保企业技术的研发，政府补贴技术开发费用率最高可达 50%。为特别扶持垃圾焚烧产业，日本政府建立了居民的生活垃圾收集和分类制度，对生活垃圾的分类与收集时间有明确的规定，强制居民遵守相关的分类和收集制度，对违反者处以严厉的处罚。

6.1.2　德国农村生活垃圾处理概况

焚烧是德国农村生活垃圾处理的主要方式之一。德国从法律的角度确定了农村生活垃圾管理思路，从法律上更严格地约束垃圾处理者的行为，使垃圾处理活动采用合理的、与环境相容的处置方式。1972 年联邦德国通过了《废弃物处理法》，1986 年通过了《废物回收与处理法案》，1994 年发布了《促进废弃物闭合循环管理及确保环境相容的处置废物法》（简称《循环经济与废弃物管理法》），使其垃圾管理思路由"末端处理—循环利用—避免产生"逐渐过渡转变到"避免产生—循环利用—末端处理"的方式上。新的垃圾管理思路严格规定了垃圾处理的原则：①要在生产和消费中尽可能地减少废弃物的产生量；②对不可避免已产生的废弃物，应以无害化方式最大限度地循环利用，包括对能源的回收利用；③对不可避免产生并无法回收利用的垃圾要采用合理的与环境相容的处置方式。为了使垃圾的处理与环境相容，德国对垃圾处理的技术选择做了严格的规定，其先后顺序是：①源削减；②回收利用（包括堆肥）；③焚烧回收能源；④最终填埋处理。

　　垃圾焚烧是德国垃圾末端处理的主要方法之一，除了遵守德国有关生活垃圾处理的基本法律法规之外，还遵循自身管理的法律法规。第 1 款垃圾法——《生活垃圾法》于 1986 年通过，它规定社会团体法人的垃圾回收利用义务，要求剩余部分的填埋在日后也不得危害环境。对此有严格而具体的规定。但未规定具体的做法和措施，按照目前的技术水平，只有热力处理（焚烧、气化和焚烧综合法）才能满足这些要求。第 2 款垃圾法——《特殊垃圾法》，于 1991 年生效。《特殊垃圾法》对化学、物理、生物处理和焚烧填埋做了严格规定。1992 年德国政府颁布了《垃圾处理技术标准》，该标准规定自 2005 年 6 月 1 日起，德国禁止填埋未经焚烧或机械、生物预处理的生活垃圾，这也使得 2004~2005 年德国生活垃圾填埋量大幅减少而焚烧量大幅上升。

　　德国的垃圾焚烧管理的主要政策包括环境税收、财政补贴制度、垃圾收费制度、垃圾的分类收集制度以及建立垃圾焚烧处理的监督机制五大内容。通过征收生态税促使生产商积极生产节能降耗、环境友好的产品。垃圾收费则是对居民减少垃圾制造的一种制约机制。

6.1.3　美国农村生活垃圾处理概况

　　美国是世界上环境法规体系最为完善的国家，对于垃圾处理也制定了很多相应的法律法规。美国颁布了一个综合性的《国家环境政策法》，针对生活垃圾制定了《生活垃圾处置法》，除此之外，还有《综合性环境反映、赔偿和责任法》及《危险废物管理条例》等。由于美国生活垃圾处理的法律法规比较健全，为生活垃圾处理的管理和实施提供了充分的法律依据，保证了生活垃圾处理制度全面和彻底的执行。

　　美国农村生活垃圾治理战略方针是保持环境的可持续发展，实施源头控制政策，从生产阶段抑制废物的产生，减少使用成为污染源的物质，节约资源，减少浪费，最大限度地实施废物资源回收，通过堆肥、焚烧热能回收利用，实现废物资源、能源的再生利用，最后进行卫生填埋，将环境污染减少到最低限度。

　　目前，从美国联邦政府到各州政府都在陆续完善关于生活垃圾污染与废物资源循环再生的法律、法规及各种相关技术标准、规范，不断提高垃圾综合治理的管理和技术开发应用水平，在资金投入、科技研发，设施建设方面做了大量工作，使美国生活垃圾焚烧处理技术应用和管理始终处于世界前列。

6.1.4　其他发达国家农村生活垃圾处理概况

其他一些发达国家也针对农村生活垃圾处理颁布过相应的法律文件，如1974 年英国制定了《污染控制法》，1976 年法国颁布了《关于废弃物处置和回收的 75-633 号法令》等。20 世纪 80～90 年代，一些国家开始逐步引入"避免和减少垃圾产生"的减量化观念，从垃圾末端治理向产生源的减量分类转变。从 20 世纪 90 年代开始，一些国家开始重视有利用价值物质的循环再利用，垃圾分类和资源回收得到了较大的发展。

从焚烧处理垃圾的总体比例来看，日本（75%）、瑞士（59%）、比利时（54%）、瑞典（47%）、法国（42%）和德国（36%）等属于垃圾焚烧应用较广的国家。

6.2　发达国家农村生活垃圾处理法律法规

6.2.1　美国农村生活垃圾处理法律法规

美国是世界上环境法规体系最为完善的国家之一，随着各项法规的颁布和不断完善，美国固体废物立法与管理已形成了比较成熟和完善的环境立法体系。目前已经形成了由几十个法律、上千个条例组成的庞大、完整、严格的环境法规体系。从联邦环境法规体系上看，上层是兼有纲领性和可操作性的《国家环境政策法》，体系下层包括"污染控制"和"资源保护"两大类法律法规体系。由于美国农村生活垃圾处理的法律法规比较健全，为垃圾处理的管理和实施提供了充分的法律依据，保证了垃圾处理制度全面和彻底的执行。

美国早在 1965 年就制定了《固体废弃物处理法》，是第一个以法律形式将废弃物利用确定下来的国家。1970 年将其修订为《资源回收法》，1976 年进一步修订更名为《资源保护及回收利用法》，之后又分别在 1980 年、1984 年、1988 年、1996 年进行了四次修订。《资源保护和回收利用法》是较早将垃圾管理重心前移的法律之一，它强调了对固体废弃物的处理不是简单的处置，废弃物是一种资源，应该加以回收利用。美国于 1969 年生效并施行了《国家环境政策法》，使环境保护成为联邦政府的新增职能并将之法律化。1986 年颁布的《非常基金修正案及授权法》中，对废弃物处理技术、各州之间法规的协调、增加国家资金投入等多个方面做了详尽的规定，对美国的环境保护及废弃物综合回收利用起到了极大的推

动作用。1990 年发布了《污染防治法》，提出了以预防为主的新观念，要求在有
害物质对环境未造成恶劣影响之前即抑制有害物质的产生（表 6-1）。

表 6-1　美国农村生活垃圾处理相关法律法规

颁布时间	法律名称	基本内容
1965 年	《固体废弃物处理法》	首次以法律形式确定将废弃物利用
1969 年	《生活垃圾处置法》	—
1969 年	《国家环境政策法》	提出了国家环境政策和国家环境保护目标
1975 年	《有害废物运输法》	规定了有害废物的运输管理
1976 年	《资源保护和回收利用法》	提出生活垃圾是一种资源，应该加以回收利用
1976 年	《危险废物管理条例》	
1980 年	《综合性环境反映、补偿、责任法》	用于治理闲置不用或被抛弃的危险废物处理场
1986 年	《非常基金修正案及授权法》	规定了废弃物处理技术、各州之间法规的协调、增加国家资金投入等
1989 年	《固体废物处理困境：行动议程》	提出了生活垃圾管理的优先级顺序
1990 年	《污染防治法》	提出以源头控制、节能及再循环为重点，实行全方位的管理
1990 年	《清洁空气法案（修订案）》	生活垃圾焚烧有一定影响
1999 年	《污染预防法》	提出应当从生产源头预防污染的产生

美国是一个联邦制国家，各州拥有较大的自主权，包括立法权，因此它的立
法比较分散。美国各州在农村生活垃圾治理立法方面也做了大量细致有效的工作，
在贯彻联邦立法的前提下，又都根据各自实际制定了适合本州的地方立法。马萨
诸塞州 2005 年 8 月颁布了一条法令，禁止填埋某些特定类别的建筑垃圾，包括油
毡、砖头、混凝土、木头、金属及塑料等。加利福尼亚州从 2006 年 2 月 9 日开始
全面实施《普通有害废弃物法》，不准在垃圾填埋场填埋被称为普通有害废弃物
的电池、荧光灯管以及含电子元件和水银的恒温器。由于美国联邦具有健全的法
律法规体系，美国的农村生活垃圾处理并不因为州行政区的划分而割裂。在美国，
垃圾处理厂是跨州或明确区域工作的。这一特殊制度与美国各州间法律体制的截
然不同形成了巨大反差，极大提高了农村生活垃圾处理的效率。

美国农村生活垃圾处理法律法规中，最具有典型意义的是《资源保护与回收
利用法》和《污染防治法》。《资源保护与回收利用法》曾先后修订过多次，建
立了复用、回收、再生、减量的 4R 原则，将废弃物管理由单纯的清理扩展为兼具
分类回收、减量及再利用的综合性规划。从广义上来说，《资源保护与回收再利
用法》为国会制定的废物管理规划提供总的指导方针，以及指导国家环保局制定
一系列综合性法律规章及实施规则。《污染防治法》则以面向 21 世纪的污染防治

为目标，以源头控制、节能和再循环为重点，对大气、水、土壤、废物等实行全方位的管理，环境治理已与社会的可持续发展紧密联系起来。

6.2.2　德国农村生活垃圾处理法律法规

德国政府长期重视农村生活垃圾处置立法管理，不断完善、提升和拓展已形成的法律法规体系。德国从 20 世纪 60 年代末就开始以立法形式来解决农村生活垃圾的问题，经过几十年的发展，已经建立了一套完善的垃圾处理体系，目前德国与农村生活垃圾管理相关的法律约有 800 项以及近 5000 项行政条例，对确保农村生活垃圾处理中的各项环保措施落实到位起了很大作用。

1972 年德国颁布了《废弃物处理法》，要求关闭垃圾堆放场，建立垃圾中心处理站，进行焚烧和填埋。1986 年颁布了《废物回收与处理法案》，主要为解决垃圾的减量和再利用问题。1991 年通过了《废弃物分类包装条例》，要求生产厂家和分销商对其产品包装进行全面负责，回收其产品包装，并再利用或再循环其中的有效部分，减少包装材料的消耗量。1992 年通过了《限制废车条例》，规定汽车制造商有义务回收废旧车。1994 年颁布了《循环经济与废弃物管理法》，把废弃物提高到发展循环经济的思想高度，并规定自 2015 年 1 月 1 日起，整个德国的各大城市和乡镇都必须将生活垃圾予以分类收集。2000 年颁布了《可再生资源法》，提出以政府鼓励和经济刺激的双重方式促进生活垃圾回收再利用。2012 年，德国将本国法律和欧盟垃圾处理框架指令相衔接，出台了《循环经济法》，提出了"废物处理标准"，废物处理五级优先次序，以及从 2015 年 1 月 1 日起有机垃圾必须单独分类等更严格、更精细的要求（表 6-2）。

表 6-2　德国农村生活垃圾处理相关法律法规

颁布时间	法律名称	基本内容
1972 年	《废弃物处理法》	第一部有关垃圾处理的联邦法律，侧重垃圾清除
1986 年	《废物回收与处理法案》	开始涉及垃圾减量化、分类管理和回收利用
1986 年	《生活垃圾法》	规定社会团体法人的垃圾回收利用义务
1988 年	《饮料容器实施强制押金制度》	收取饮料容器押金，保证容器使用后退还商店以循环利用，
1991 年	《废弃物分类包装条例》	从源头上减少生活垃圾的法律
1991 年	《特殊垃圾法》	严格规定垃圾的处理技术，包括垃圾的物化处理、生物处理、焚烧填埋等
1992 年	《垃圾处理技术标准》	2005 年 6 月 1 日起，德国禁止填埋未经焚烧或机械、生物预处理的生活垃圾
1992 年	《限制废车条例》	汽车制造商有义务回收废旧车

颁布时间	法律名称	基本内容
1994 年	《循环经济与废弃物管理法》	引入所有废气物价值化理念，要求尽可能实现垃圾减量化和回收再利用
2000 年	《可再生资源法》	以政府鼓励和经济刺激的双重方式促进生活垃圾回收再利用
2012 年	《循环经济法》	提出了废物处理优先次序

《废弃物处理法》和《循环经济与废弃物管理法》是德国在农村生活垃圾处理方面的两个重要法律，是德国政府为适应不同时期农村生活垃圾的性质和时代要求而制定的，尤其是《循环经济与废弃物管理法》的制定实施引导了德国农村生活垃圾开展循环经济型的综合处理方向，它最完整地体现了废弃物减量化、资源化和无害化原则，是最符合可持续发展要求的废弃物管理法。

从德国对农村生活垃圾立法管理内容的变迁来看，立法管理的重点由最初的末端无害化处理过渡到垃圾的全方位的管理，即垃圾的源头削减、回收利用和最终的无害化处理。德国关于农村生活垃圾立法的变迁反映了人们对垃圾认识的改变，由最初的废弃物转变成可利用的资源，也指出了一条与环境相容的垃圾治理途径。

德国农村生活垃圾管理责任由联邦政府和各州政府、当地政府共同承担。联邦政府确立农村生活垃圾处理原则，制定垃圾管理法律，监督战略性规划实施，规定垃圾处理设施标准。州政府、当地政府依据联邦法律制定农村生活垃圾管理法规，细化并实施相关条款。欧盟成立以后，德国进一步统一了各项法律规范，建立起全面的立法框架。从总体上来看，德国农村生活垃圾管理的法律可分为四个层面，一是欧洲法的欧洲框架法典；二是联邦法的国家框架法典；三是联邦州法的州框架法典；四是社区法的州级县市总则。其中全德国联邦州法和社区法，要服从于欧洲法和联邦法。

6.2.3　日本农村生活垃圾处理法律法规

对于农村生活垃圾处理，日本制定了一系列相关的法律制度（表 6-3），严格落实垃圾分类处理和资源再利用等基本政策。

日本对于废弃物治理的法律最早可追溯于 1900 年颁布的《污物扫除法》，其主要目的是防止蝇蚊传播疾病。第二次世界大战以后，随着日本经济的快速增长，也带来了垃圾增多和垃圾多样化的问题。1954 年制定了《清扫法》替代《污物扫除法》，旨在恰当处理污物，保持生活环境的清洁。1970 年 12 月 25 日颁布了《废弃物处理法》，并在以后几经修改，最近一次修改在 2008 年 5 月。1991 年日本颁布了《循环型社会形成推进基本法》，于 2000 年修改为《资源有效利用促进法》。针对一些行业再利用，1995 年后，日本相继颁布了《包装容器再利用法》《家电再利用法》《建筑再利用法》《汽车再利用法》等法律法规。

表 6-3　日本农村生活垃圾处理相关法律法规

颁布时间	法律名称	基本内容
1900 年	《污染扫除法》	日本最早有关废弃物的法律
1954 年	《清扫法》	取代《污物扫除法》
1970 年	《废弃物处理法》	取代《清扫法》，针对废弃物增多和多样化问题
1986 年	《空气污染控制法》	对焚烧生活垃圾的设施做出具体规定
1991 年	《循环型社会形成推进基本法》	规定对产品进行分类，并由相关经营者负责产品的回收再利用
1993 年	《环境基本法》	规定了环保基本理念
1995 年	《包装容器再利用法》	由相关经营者负责再利用
1997 年	《关于促进新能源利用的特别措施法》	鼓励废弃物发电与热利用等新能源发展
1998 年	《家电再利用法》	特定家电的零售商和生产商要负责废弃物的收集、搬运及再商品化
1999 年	《二噁英类对策特别措施法》	对垃圾焚烧产生的二噁英控制提出了要求
2000 年	《循环型社会形成推进基本法》	推进"3R[减量（Reduce）、再利用（Reuse）、循环（Recycle）]"观点
2000 年	《食品再利用法》	相关经营者要确保食品资源的有效利用并减少废弃物的排出
2001 年	《环保商品购买法》	国家和地方公共团体等要率先推动购买环保商品

6.2.4　其他发达国家和组织农村生活垃圾处理法律法规

1. 欧盟

1999 年欧盟针对垃圾填埋发布了《填埋指令（1999/31/EC）》[*The Landfill Directive*（1999/311EC）]，不仅对垃圾填埋量进行限制，也对可填埋垃圾的种类，尤其是对有机垃圾（可生物降解垃圾）填埋做出了明确的限制规定。该指令要求所有成员国减少垃圾填埋量：以各国 1995 年垃圾填埋量为基准年，到 2010 年垃圾填埋量不得高于 1995 年填埋总量的 75%；2013 年垃圾填埋量不得超过 1995 年的 50%；2020 年垃圾填埋量不得大于 1995 年的 35%，并规定了各阶段的垃圾限制填埋量。

2008 年欧盟出台了《垃圾处理框架指令》，将垃圾管理按照以下五个层级逐级选用，即避免产生、重复利用、回收利用、焚烧和填埋。此举标志着欧盟国家以法律法规为基础,建立了完善的"顶层设计"。同时指令中提出所有成员国垃圾减量目标为:到 2020 年家庭生活垃圾循环再利用率达到 50%,至少提高纸类、塑料、玻璃等家庭生活垃圾的循环再利用率。同时,该法律中规定可将焚烧垃圾作为可再生能源,进一步促进了垃圾焚烧设施的发展,但同时也对设施能源效率提出了新的要求,即现有设施必须达到 60%,新建设施必须达到 65%。

2. 英国

英国制定了一系列农村生活垃圾管理法规,包括 1974 年的《污染控制法》、1989 年的《污染控制法(修正案)》、1990 年的《环境保护法》、1991 年的《可控废物管理规定》、1994 年的《废物许可证管理规定(修止)》、1996 年的《特别废物管理规定》、1997 年的《生产者责任义务(包装废物)管理规定》、1998 年的《包装废物管理规定》、1998 年的《废物减量法》、1999 年的《污染防治法》、2003 年的《家庭生活垃圾再循环法令》等。这些法律法规的颁布实施使英国农村生活垃圾管理和处置状况得到改善。此外,2000 年英国推出了国家层面的《英格兰和威尔士废弃物战略 2000》(*Waste Strategy 2000 for England and Wales*),制定了英国未来 15 年废弃物管理战略和目标。其指导思想着重强调可持续的废弃物管理:有效利用资源,减少废弃物排放量,以一种有利于经济、社会和环境可持续发展的方式对其进行处理。按照欧盟填埋导则的要求,2005 年英国还出台了《生物降解垃圾的填埋限令》,明令限制填埋可生物降解垃圾,并制定了分阶段降低可生物降解垃圾填埋的计划。

3. 荷兰

1977 年荷兰颁布了《垃圾法》,由此将垃圾管理上升到省级,由省负责颁发许可,制定政策规划,并开展特许经营,即一定区域内只需有一个处理场,以保护投资者利益和处理能力的发挥和质量的提高。1995 年颁布了一部综合性的《环境管理法》,对各项垃圾废物管理和处理的法律法规在基本法的层面上进行了协调统一,规定了荷兰政府的有关管理机构的环境管理职能,也对废弃物的回收处理等方面进行了规定。为了减少和限制利用填埋方式来处置垃圾废物,尤其是限制和禁止可回收利用废物及可生物降解垃圾的填埋,荷兰制定了废物法令《填埋禁止令》,在荷兰进行垃圾废物的填埋,政府需要征收高额税收(填埋税)。2000 年后,荷兰开放了国内的垃圾管理市场,修订了《垃圾法》,更多地运用市场和经济手段进行垃圾管理。2002 年进一步大幅度修订《垃圾法》。从 2003 年 3 月开始，荷兰实施了国家废物管理计划。这个废物管理计划提出了到 2010 年全国废物的 83%要得到有效利用的战略目标。实现这一战略目标主要依靠三项措施：一是通过推进废物回收利用，使废物资源尽量得到循环再生；二是把无法直接回收利用的废物作为燃料实现废物的能源化；三是依靠其他的废物再利用方式来实现废物的有效利用。这个废物管理计划的核心就是最大限度地合理利用废物资源。

4. 意大利

意大利废物管理法律法规是建立在欧盟相关框架指令之上。意大利废物管理法律法规体系较全、分类较细，包括生活垃圾、产品包装废物、工业废物、危险废物等，而且于 1997 年开始实行废物编号体系，每类废弃物都对应一个编号，这样更有利于废弃物的管理。目前意大利实行的是废物管理一体化政策，基本上形成从产品的产生、消费和废物产生的全程管理过程。这一政策集合垃圾减量化、分类处理、源头治理等废物管理理念，重视废物再利用、再循环、能源回收和安全处置的综合管理办法。

5. 瑞士

瑞士与农村生活垃圾处理有关的法律法规及政策主要包括《联邦环保法》《垃圾处理技术政策》《饮料包装条例》《电子产品回收及处置条例》等。瑞士于 1983 年 10 月 7 日颁布《联邦环保法》，1997 年 6 月 10 日进行了修订。该法分为六个部分，其中第二部分"污染控制"中的第四章是有关固体废物的内容，该章共分 4 节：垃圾的减量化和处理、垃圾管理和处理设施、垃圾处理的融资和垃圾处理设施污染后的补救。此外，发布的《垃圾处理技术政策》分为七个部分：技术政策制定的目的和各种垃圾的定义、垃圾减量和处理的一般规定、填埋场、垃圾暂时堆放点、焚烧厂、堆肥厂、修订后的有关要求，并附有两个附件：允许进入填埋场的垃圾种类和填埋场选址、建设和封场的有关要求。

6.3　发达国家农村生活垃圾处理方法

西方发达国家对农村生活垃圾的处理从 20 世纪六七十年代开始，到目前可分为三个阶段。第一阶段是起步阶段，该阶段中一些发达国家相继颁布了固体废物处置的法律，包括美国（1965 年）、日本（1970 年）、德国（1972 年）等，开始从立法的角度重视农村生活垃圾等固体废物产生的影响。在这一初期阶段，主要工作是加强农村生活垃圾的清扫和收集，大量的小型垃圾堆放场被关闭，中型和大型堆放场逐步被规范的卫生填埋场所取代。同时开始考虑垃圾分类回收、物资再利用、垃圾预处理、垃圾焚烧等其他垃圾处理方式。第二阶段是集中治理阶段，20 世纪 80 年代末，一些发达国家，尤其是经济发达地区，在建设卫生填埋场的热潮之后，都遇到了同样的困境：一方面，人口稠密，生活垃圾产生量也相对较大，填埋处理占用土地较多；另一方面，土地资源紧张，而且对环境质量要求高。在这种背景下，除了填埋之外的垃圾管理理念得到强化，大量的物资回收利用厂、垃圾堆肥厂、垃圾焚烧厂相继建设。第三阶段是全面管理阶段，约在 2000 年以后。通常在具有了卫生填埋场作为垃圾末端处置的基础，又有了垃圾预处理、垃圾焚烧设施等作为减量化和资源化的主力之后，垃圾分类回收和资源化利用逐步成为农村生活垃圾治理热点。经过约 30 年的努力，发达国家已经普遍建立了垃圾减量化、资源化和无害化处理的保障体系。现在这些国家正在向更高的目标发展和努力，而且发达国家当前的农村生活垃圾处理理念也基本上趋于统一，主要有可持续发展理念、循环经济理念、3R 理念等。发达国家在垃圾管理方面的目标，与垃圾管理优先顺序密切结合，包括控制垃圾产生；分类逐步细化，特殊废物专门处理；推行包装垃圾和有机垃圾的资源化利用；鼓励焚烧；减少垃圾填埋量，尽可能延长填埋场寿命等。

6.3.1　美国农村生活垃圾处理方法

美国乡村人口约 6600 万，居民居住的分散程度远高于中国。由于美国城镇化程度高，农村和城市的生活垃圾管理制度没有太大差别。

美国的农村生活垃圾治理战略方针是保持环境的可持续发展，实施源头控制政策，从生产阶段抑制废物的产生，减少使用成为污染源的物质，节约资源，减少浪费，最大限度地实施废物资源回收，通过堆肥、焚烧热能回收利用，实现废物资源、能源的再生利用，最后进行卫生填埋，填埋过程中充分考虑资源、能源的再生利用，将环境污染减少到最低限度。

目前美国的农村生活垃圾处理方式主要可以分为四大类：源头减量（包含直接回收利用和就地堆肥）、回收利用（包含集中堆肥）、能量回收（包括焚烧）、末端处置（填埋）。美国环境保护署就该四种处理方式提出了生活垃圾处理的优先级原则，优先级从上至下依次是源头减量、回收利用、能量回收和末端处置。

根据美国环境环保署公布的数据，2014年美国生活垃圾总产生量中有52.6%被填埋处理，34.6%被回收利用或用来堆肥，而焚烧的占比只有12.8%。目前在美国的不同地区，垃圾处理方式的比例各不相同。如新英格兰地区的填埋占36%，回收占33%，焚烧占31%。美国西部的填埋占58%，回收占39%，焚烧占3%。各地区垃圾处理费用也不尽相同，全国平均填埋费每吨37美元，佛蒙特州的垃圾填埋费最高，每吨75美元。焚烧费最高的地区也都在东北部的几个州，平均焚烧费每吨120～140美元，全国平均焚烧费为每吨70美元。和其他发达国家相比较，美国的垃圾焚烧在固体废弃物处理方式中占比不高。一般来说，世界上人口稠密和土地有限的地区（如许多欧洲国家和日本），由于空间限制而更多地采用垃圾焚烧的方式。但美国国土辽阔，人口相对稀疏，仅靠填埋就可以满足农村生活垃圾处理的需求，加上填埋场建设和运行的成本较低，在短期内填埋被认为是一个更可行的选择。

由于美国农村经济发达，其生产与生活环节中，资源消耗众多，农村生活垃圾的产生量也居于世界前列。在2010年，美国农村生活垃圾总量为2.32亿t，其处理方式分别为：卫生填埋1.28亿t，占55.4%；焚烧3370万t，占14.5%；回收利用6990万t，占30.1%。从美国各地农村生活垃圾处理的情况上看，卫生填埋是农村生活垃圾处理的最主要方式，其次为焚烧与回收利用。可以预见，在今后一段时间内，美国农村生活垃圾处理将仍以卫生填埋方式为主。根据美国环境保护署预测，美国农村生活垃圾填埋与焚烧的比例将逐步降低，而垃圾回收利用的比例，到2020年将提高到40%以上。事实上，垃圾填埋处理作为农村生活垃圾处理的最终处置手段，到目前为止在美国以及其他发达国家中，仍占据着重要的地位。然而随着近年来，国外农村生活垃圾填埋卫生标准的不断提高，填埋场的运行成本与投资成本正不断提高，因此，美国的新垃圾填埋场正逐渐向着大型化、产业化的方向发展，并通过采用先进的防渗技术、气体疏导技术、渗滤液处理技术等，使得垃圾填埋场的污染得以有效控制。

6.3.2　德国农村生活垃圾处理方法

中世纪，德国农村生活垃圾通常采用自然分解腐烂或简单填埋法处理。到19世纪初，随着工业化进程的深入，垃圾成分日益复杂，农村生活垃圾开始采用焚烧方式进行处理。但是，这种垃圾处理方式，导致垃圾在焚烧过程中产生难以忍受的臭气和烟尘，于是采取集中收集后，埋入居民区之外的地方。到第二次世界大战后，德国已经出现数以千计的填埋场地。农村生活垃圾填埋虽然解决了垃圾存放的问题，但却造成了严重的环境污染。从 20 世纪 60 年代开始，德国在人口稠密区，建造大型垃圾焚烧设备，使垃圾量降低到原来的 20%～25%，但废气问题和大气污染问题却大量增加，并直接影响到居民的身体健康。

1972 年，德国颁布实施了首部《废弃物处理》，开始对垃圾进行环保有效的处理，关闭了 5 万个村庄级填埋场，德国垃圾填埋场的数量锐减。与此同时，垃圾焚烧厂、垃圾机械及生物预处理等专门处理垃圾的工厂得到迅猛发展。2005 年至今，德国要求生活垃圾零填埋，生活垃圾必须经焚烧或其他生物机械处理后才可进入填埋场。目前，德国法律规定了生活垃圾处理的 5 个步骤：①减少垃圾产生；②重复利用；③回收再生利用；④能源转化；⑤无害化填埋。根据德国环保部统计数据，2013 年，德国产生的生活垃圾总量为 $6×10^7$ t，共建有 15 586 个垃圾处理设施，其中，167 个垃圾焚烧厂，705 个垃圾能源发电厂，58 个机械-生物预处理（MBT）工厂，1049 个垃圾分选厂，2462 个生物预处理厂等。由于设施处理能力富余，德国还承担英国部分垃圾处理，每年为英国处理垃圾 $7×10^5$～$8×10^5$ t，并向英国收取一定的垃圾处理费。

为了使垃圾处理与环境相容，德国对垃圾处理技术的选择作了严格的规定，在源头控制和分类回收利用后，首先采取的是堆肥（生化）技术，再次是焚烧技术，最后才是卫生填埋。垃圾处理必须服从这个技术等级，只有在高层次的技术方案不能被利用，才能使用低层次的技术方案。垃圾处理技术等级的确立，强制实施垃圾的回收利用，使得垃圾对环境的影响降到很低的程度，有利于实现资源循环利用，同时也推动垃圾处理技术的发展。由于在不同的地方实施单一化的选择，垃圾处理技术等级的确立可能增加某些区域的垃圾处理成本，在经济上产生一定负效应。因此，应根据具体情况来衡量是否采用该措施。

2005 年 6 月 1 日，《垃圾填埋条例》对生活垃圾和工业垃圾的处理做出了更加严格的规定，任何垃圾都必须进行热预处理或机械、生物预处理，对于剩余垃圾通过机械分选处理和生物处理后，其干态热值<6000 kJ/kg（相当于总有机碳的 18%）的可以进行填埋处理。这表明填埋的垃圾，基本上就只是灰渣。德国甚至规划从 2020 年起，全部取消垃圾填埋。

6.3.3　日本农村生活垃圾处理方法

19 世纪初期日本的垃圾处理方式是露天焚烧，1900 年日本颁布的《污物扫除法》中将垃圾的焚烧处理被确立为法定垃圾处理方法，但采取的方式主要是露天焚烧。《污物扫除法》是基于加强公共卫生的政策性考虑而制定的，所以其施行规则规定：垃圾的处理尽可能采用焚烧的方法。但由于当时垃圾焚烧炉还完全没有技术积累，所以采取的是最简单的办法——露天焚烧。事实上，东京以露天焚烧来处理垃圾的历史一直持续到 1962 年，长达 60 年。不过，金属、纸、纤维等在当时几乎不会被作为垃圾扔掉，会被人作为有价物回收。所以，当时垃圾处理的对象基本上只有厨余物，除此之外，不外乎砂土、薪炭的灰烬或者陶瓷器的碎片等。由于垃圾焚烧场址的选定是一个难题，1903 年日本规定，垃圾焚烧场址设置的条件是：①接近城区或者城区内村落的，应当设置在人家稀疏之处，距离住户和道路至少 54 m，距离饮水井至少 9 m；②周围应当设置高度为 2.7 m 以上的围墙；③焚烧间应当设置高度为 15 m 以上的烟囱，并具备消烟装置。

1954 年后，随着《清扫法》《废弃物处理法》等法律法规的制定，对农村生活垃圾处理方式提出了更高的要求，日本的垃圾处理技术得到快速发展，福冈大学开始了填埋处理技术的研究，并从国外引进了焚烧炉技术。进入 20 世纪 80 年代后，日本对农村生活垃圾采取了更完善的分类收集措施，并参考德国、法国的制度，完善了资源再生利用的法律制度，包括制定了《再生资源利用促进法》等一整套资源再生利用制度和法律。

日本对农村生活垃圾的处置方式也是以填埋和焚烧为主。早期日本采用的是开放式填埋、卫生填埋的方式，随着技术发展和环保要求提高，逐渐过渡到改良型卫生填埋、封闭型填埋、好氧性填埋等。直至 1975 年，在日本福冈实施了准好氧性填埋（俗称福冈填埋），成了日本的标准填埋方式。该填埋方式利用好氧性生物分解能有效控制有害气体与害虫的产生，并能减少渗水中的有害物质。

由于焚烧处理可减少垃圾总量的 80%～90%，控制害虫的增长与有害物质的流出，焚烧过后的残渣可被用于制造水泥等可用资源，不可再利用部分再被运输到最终处理厂进行合理填埋，如此可以很大程度上节约土地资源，减少垃圾处理带来的环境污染。目前，日本全国有 80%的一般生活垃圾通过焚烧处理，其余约 14%通过破碎、分选等其他中间处理方式处理，通过焚烧等中间处理垃圾总量减少了 80%，而一般生活垃圾中被直接填埋的仅占 1.3%。日本是环海国家，生活垃圾含水率很高，为达到完全燃烧状态，需要以先进的焚烧技术为基础，因此，日本是目前生活垃圾焚烧技术最先进的国家，焚烧厂的数量位于世界第一位。

2015 年，日本生活垃圾卫生填埋场有 1677 座，卫生填埋场的残余容量还有

10 404.4 万 m³，残余年限为 20.4 年。垃圾焚烧处理设施总数量达到 1141 座，处理能力合计达到 181 891 t/d。其中设施规模为未满 30 t/d 的为 224 座，30～50 t/d 的为 126 座，50～100 t/d 的为 202 座，100～300 t/d 的为 401 座，300～600 t/d 的为 132 座，超过 600 t/d 的为 56 座。

日本的生活垃圾都是由市镇村的地方自治体负责处理，因为近年来人口稀少的地方自治体垃圾处理设施运转困难，所以垃圾焚烧不完全等问题频繁发生。为了确保各地区的垃圾得到安全迅速地处理，政府对垃圾产生量较多的地区实行了废弃物"区域化处理"，即废弃物处理出现问题的地区，将本地区的垃圾运送到其他地方自治体进行正规处理。据统计，2015 年有 27.3 万 t（占全部最终填埋处理量的 6.5%）的生活垃圾被运送到了都道府县以外的垃圾处理设施进行了最终填埋处理。其中千叶县、埼玉县、山梨县、神奈川县、栃木县、长野县及新潟县达到 20.6 万 t，占总数量的 75%。此外，关东地区 14% 的废弃物、中部地区 14.4% 的废弃物也都被运送到了都道府县以外的地区进行处理。这些地区由于填埋场容量紧缺，所以近年来生活垃圾都会转移到外部地区进行处理。

6.3.4　其他发达国家农村生活垃圾处理方法

1. 英国

英国对农村生活垃圾的治理可追溯至 1848 年，英国出台《公共健康法案》，提出建立统一的大的垃圾堆放点，即远离居民住房的大"垃圾洞"，这是英国最早的具有现代意义的垃圾站。1875 年，英国政府出台新的《公共健康法案》，其中提出，各地方政府必须安排专门资金，转移和处理垃圾。1956 年，英政府出台《空气清洁法案》，其中提出要减少家庭户外用火，居民不能在户外燃烧垃圾，以保持空气清洁。

英国是世界上最早使用焚烧技术处理生活垃圾的国家，但 20 世纪它却主要依靠卫生填埋方式来处理生活垃圾，而限制采用生活垃圾焚烧处理方式，其垃圾填埋量高达 80%。根据欧盟新的垃圾处理规定，英国确立了废物处理序列：废物要最大限度地减量、回收利用和再循环，使再生资源得到最大限度的循环利用，然后通过废物焚烧发电和生物制能等措施实现废物能源的回收利用，最后对再无利用价值的废物进行填埋处理，形成了由避免、减量、回收、再循环、处理和最终处置等构成的完整的废物综合治理体系。按照《欧盟填埋指令（1999/31/EC）》的要求，2010 年英国运往填埋场可生物降解的垃圾必须降到 1995 年运往垃圾填埋场的可生物降解垃圾总量的 75%，2013 年要降到 50%，2020 年降到 35%。

进入 21 世纪后，英国政府重新确立了生活垃圾焚烧在废物再循环利用和废物处理中的地位，并着力推进生活垃圾焚烧技术的应用。根据英国政府早期制定的生活垃圾焚烧实施计划，将陆续建设 100 个生活垃圾制能工厂（包括生活垃圾焚烧发电厂）。在这个计划的实施过程中，生活垃圾焚烧设施建设项目将成为英国政府最优惠的贷款项目。

英国针对农村生活垃圾处理采用的技术与城市基本相同，但在技术细节上具有很强的针对性，首先英国农村生活垃圾的分类和资源回收率高于城市，通过分类和资源回收，垃圾处理量大幅降低。针对农村地区垃圾焚烧处理设施规模较小的特点，英国小型垃圾焚烧厂全部采用供热或热电联产的技术实现能源回收，降低运营成本，但小型焚烧厂和大型焚烧厂执行同样的污染控制标准，确保环境友好。

2012 年英国生活垃圾产生量为 2642.1 万 t，从英国垃圾处理设施及处理能力看，2012 年共有能源利用设施 18 座，年处理能力为 85.8 万 t；垃圾焚烧场 98 座，年处理能力为 1049.6 万 t；回填场 3538 个；垃圾填埋场 59 座，剩余填埋能力 50.54 万 m^3。

2. 法国

法国在农村生活垃圾管理和综合治理上，坚持以降低污染和提升循环再生水平为主导方向，推进综合治理。坚持避免、减量、循环再生和处理处置的序列，坚持分类收集、分类清运和分类处置，突出废物资源循环再生。

法国 2012 年产生的非危险性垃圾总量为 7020 万 t，其中 56% 用于回收再利用，13% 进行了能源再利用，31% 被消除。近年来，垃圾焚烧在法国也有较快发展。据统计，法国现有垃圾焚烧炉 300 多台，可处理法国生活垃圾产生量的 40%。

3. 瑞典

瑞典是世界上在生活垃圾处理方面具有最先进水平的国家之一，早在 20 世纪 20 年代，就建立了世界上最早的垃圾焚烧处理厂。瑞典的垃圾分类处理分为四个层次：首先考虑回收再利用；回收再利用有困难时，尝试生物技术处理；生物技术处理不了的，焚烧处理；确实不适合焚烧的再填埋。

瑞典对垃圾处理要求十分严格，通过法律规定不允许填埋有机垃圾，并制定严格的排放指标限制垃圾焚烧的废气排放。瑞典明确垃圾回收与处理的五个层次：预防、再使用、物质再生、能源转化、填埋。预防是通过教育、展览和宣传树立公众减少产生垃圾和利用垃圾的意识，一方面限制垃圾产生的数量，另一方面鼓励分类投放、再使用、资源再生、加工垃圾。通过分类，将部分可以再使用的垃圾整理再使用；通过物质再生，将垃圾加工处理后生产出同样的物质进行使用；通过转化将垃圾加工后生成能源和另一种物质，包括生物方法和焚烧；最后将不能处理的或是处理后的残渣分类填埋起来。

瑞典是世界上垃圾循环利用的领先者，垃圾资源化效率和能力处于世界领先地位。瑞典在垃圾循环利用方面取得了"异乎寻常的成功"。每年除了 1%的垃圾无法利用外，其他垃圾则均经过垃圾处理厂变废为宝。其中，36%的垃圾被回收使用，14%的垃圾用作肥料，49%的垃圾作为能源被焚烧转化为热能和电能。当前，瑞典垃圾焚化炉的产能日益增高，垃圾转化为能源的效率很高，高到本国垃圾已经不够用，要从别国进口垃圾。据悉，瑞典每年进口的垃圾量达 80 万 t，大多数来自邻国挪威。

2014 年，瑞典居民生活垃圾中的 47% 被用于焚烧发电，36% 被用于回收各种材料，16% 被用于生产沼气，仅余不到 1%被填埋。

4. 荷兰

荷兰在垃圾管理上的技术选择是：再回收利用和堆肥、焚烧及其他，最后的技术选择是填埋。

荷兰目前对生活垃圾的处理主要坚持三项原则：一是预防为主，尽可能避免废物产生，并最大限度地减少废物的生产量。二是循环使用，借助各种措施，实现垃圾废物的直接回收利用或循环使用。目前，荷兰固体废物循环使用率平均达到 75%，其中玻璃为 80%，建筑废物为 90%以上，包装物为 64%，汽车配件为 85%以上，家庭生活垃圾为 45%。这些数字证明了荷兰推进垃圾废物循环使用政策的成效。三是最终处置，对无法循环使用的垃圾废物则实行焚烧或填埋处理。荷兰推行的这些垃圾废物处理政策措施与欧盟制定的源头消减和循环再生政策是相辅相成的，也和欧盟其他成员国保持了一致。

荷兰的生活垃圾中，1995 年产生量 700 万 t，到 2005 年产生量 900 万 t，而其中有一半可以回收利用，约一半进入了焚烧场，只有很小的部分进入填埋。

5. 意大利

意大利在生活垃圾处理过程中，51.2%采用填埋方法，7.6%采用堆肥方法，21.0%采用生物稳定化和垃圾衍生燃料方法，8.8%采用焚烧处理方法。采用堆肥方法、生物稳定化和垃圾衍生燃料方法处理废物量近几年呈逐年增加的趋势，焚烧处理略有增加，垃圾填埋处理呈大幅度降低的趋势。

6. 瑞士

瑞士的农村生活垃圾处理大部分是通过焚烧方式处理的，焚烧量约占80%，还有约15%的残渣、废物进入填埋场。瑞士政府规定，自2001年起，生活垃圾禁止直接进入填埋场进行填埋，生活垃圾必须经源头减量，分类收集，分类处理，资源充分利用以后，最终的惰性物质才能进行填埋处置。截至2019年瑞士全国有30个焚烧厂，焚烧处理成本约为150~300瑞郎/t（约为1079~2158元/t），填埋处理成本约为120瑞郎/t（约为863元/t）。

6.4　发达国家农村生活垃圾处理的管理和运作

发达国家对农村生活垃圾的处理不仅具有相对健全的法律法规，还具有一套相对完整的管理和运作体系，包括从源头的生活垃圾分类到垃圾处理的产业化，都已形成了相对比较健全的模式。

6.4.1　发达国家农村生活垃圾处理的管理机制

1. 美国

美国主管农村生活垃圾处理的最高机构是国家环境保护局的固体废物与应急司，承担着包括生活垃圾、工业固体废物和有害固体废物等的管理工作，并展开相关信息资源的采集、分析，管理特许经营项目等。

美国非常注重利用市场机制来解决政府面临的各种问题。近年来，美国联邦政府为改善农村环境、保障当地居民身体健康，对农村生活垃圾的填埋、焚烧都制定了严格的标准，从而使各地农村生活垃圾治理的硬件投入与运行成本都逐年增加。同时，由于各州农村普遍面临资金不足、专业化人才缺乏、管理水平不高的问题,迫使地方政府运用市场机制,来解决农村生活垃圾的清扫、清运、资源回收与综合处理等各方面问题,经过多年的探索和实践,已经取得较为显著的成效。而且美国对农村生活垃圾的减量化、资源化工作十分重视,这不仅降低了农村生活垃圾治理的成本,还促进其资源的有效回收与利用,并已形成了一定规模的产业。

2. 德国

德国从联邦到地方,在生活垃圾处理领域设立了三个层次的主管机构,分别是最高垃圾管理机构、高级垃圾管理机构与基层垃圾管理机构。其中德国联邦政府、联邦环境保护部及联邦环境保护局,是最高垃圾管理机构,主要负责宏观层面的统一管理,如起草相应的联邦法律、配合欧盟开发长期战略方案等;德国联邦州政府、联邦州环境保护部及所辖地区的区政府机关(如德国北威州下设 4 个区政府),属于高级垃圾管理机构,负责所辖范围内的具体垃圾管理、监控及咨询工作;各个区政府所辖的城市,是基层垃圾管理机构,他们直接代表市民的利益,负责日常生活垃圾的收集、运输、管理及收费等。

德国从法律的角度确定了生活垃圾管理思路,从法律上严格地约束处理者的行为,使垃圾处理者采用更合理的、与环境相容的垃圾处理方式。自 20 世纪 90 年代以来,德国的垃圾管理思路由"末端处理—循环利用—避免产生"逐渐过渡转变到"避免产生—循环利用—末端处理",控制垃圾产生。为了适应管理思路的转变,德国在垃圾处理的管理中,引入了生产者责任制度。它要求生产商对其生产的产品,全部生命周期负责。生产者和销售者需要按照规定(如"绿点"标),根据废弃物的质量、种类、能否回收等标准,交纳相应的费用,用于废弃物的收集、分类和处置。对垃圾制造者提出的这一要求高于以往任何一项垃圾法,从而达到全社会共同治理垃圾的目的,具体来说就是在管理中引入了生产者责任制度。

3. 日本

日本农村生活垃圾的收集处理由市镇村(地方各级政府)负责统筹管理,所需费用多数来自税收,产业废弃物多数是由各企业的生产运营活动而产生,因此需要企业负担处理责任,政府则通过补助金等手段帮助企业建立资源回收再利用体系。其中市镇村承担农村生活垃圾的处理责任,制定和实施废弃物处理计划;

对处理生活垃圾的企业予以处理许可并进行监督。除此之外，市镇村还需向市民普及废弃物正确处理的相关知识，培养市民抑制废弃物排出的意识，并定期组织相关活动。企业经营者负有处理企业经营过程产生的废弃物和资源回收再利用的双重责任，或者可以委托专门的废弃物处理企业进行合理规范的处理，尽量做到开发生产方便回收处理的产品和容器，提供科学合理的废弃物处理研究信息。普通市民有分类垃圾、按规定排放，尽量长期使用购买的产品或使用再生制品以及协助政府、地方公共团体完成垃圾分类等责任，并对政府和企业行为进行监督的义务。

日本政府为生活垃圾焚烧建立了一套与其政治体制和行政管理体制相适应的扶持政策体系，它有中央政府扶持政策体系和地方政府扶持政策体系两个层次，涉及政府、社会、公民三个主体，明确各方责任和义务。日本政策体系具体包括：新能源战略规划体系、法律扶持体系、倾斜性的产业政策体系、垃圾焚烧的研究开发激励体系、企业社会责任引导体系和公民环保节能绿色意识教育体系六大体系。前三个体系中日本政府就宏观方面予以指导，从新能源战略规划的角度加以引导，并采取一系列强制措施保障垃圾焚烧技术的发展。这些措施主要体现在其法律扶持体系，这些法律法规为日本政府发展垃圾焚烧产业提供了制度环境、政策依据、发展契机。这些法律的制定和修改也体现了政府对于垃圾焚烧产业的倾向性政策，包括向垃圾焚烧发电厂提供政府补贴、对其税收采取优惠政策，甚至免税、技术开发支持、示范项目、政府绿色采购、强制目标制度。后三个体系则较为具体，说明了日本政府对其垃圾焚烧的支持，尤其在技术研发、对企业的引导以及对公民垃圾分类意识的引导。

4. 法国

法国农村生活垃圾管理模式有效实行了政企分开，各司其职，协调运作，良性互动。政府职能部门负责农村生活垃圾管理的规划、法规的制定及监督执行，社会投资引导，环境治理监控及协调参与垃圾管理的各种利益集团的关系，确保整个管理体制的有效运作。企业则在有关法律法规框架内，自主经营，自负盈亏。由于责权利明确，促进了各方的高效运作。

法国提出了资源化和能源化技术互补原则。法国政府既不强制执行家庭生活垃圾管理方式，也不指定结合何种基本技术。相反，1992 年法国的相关法律还规定尽量缩小各种废物资源化技术的投资费用差别。技术互补原则可以使废物处理费用在给定资源化利用率的条件下实现最小化,特别是当把以实现能源回收为目的的垃圾焚烧技术运用到垃圾废物处理计划中时,根据废物管理政策的规定,将废物分拣、分选与以再生为目的的废物回收和垃圾堆肥等技术有机结合起来实施综合治理,这种管理方式在废物治理实践中取得了很明显的治理效果。

5. 瑞典

瑞典在农村生活垃圾管理方面的发展过程大致可分为两个阶段。在 20 世纪 70 年代以前,瑞典农村生活垃圾的管理和处置主要是一种政府行为,政府所设立的公共清洁部门,负责为公民提供回收垃圾的各项服务并收取一定的处理费用。在这一时期内,农村生活垃圾的处置原则主要是解决卫生问题。处置手段以卫生填埋占绝对主导地位,而资源回收仅占很少比重。自 20 世纪 70 年代开始,随着瑞典经济的发展和人民生活水平的提高,农村生活垃圾的产生量急剧增加,而能用于垃圾填埋的土地资源却日趋减少;与此同时,根据新环境法规逐渐严格的规定,垃圾的处置成本和投资快速膨胀,政府已无法独自承担这种日益增大的压力。基于新的现实状况,地区性的政府间合作及政企间合作,成为解决问题的一种成功途径,并促成了有政府参股的股份制垃圾处理企业的诞生,从而形成了到目前为止颇具规模的垃圾处置产业。农村生活垃圾的处理原则也由单纯解决卫生问题转向了垃圾的减量化、资源化和无害化,处理处置手段也日趋多样化和专业化。

6. 巴西

巴西对农村生活垃圾处理采取的机制是政府、社会和企业各负其责,共同发力。在这个模式中,政府担任的角色是管理者、倡导人、善后方。作为管理者和倡导人,巴西政府积极鼓励巴西民众参与到垃圾分类的活动中去,垃圾产生后,由民众先把垃圾进行初步分类成有机垃圾和包装物垃圾,市政环卫部门专门上门收集垃圾,将垃圾送到垃圾处理厂进行再分类后进行填埋处理,或者是运往焚烧厂进行焚烧。社会是垃圾的产生方,其有义务在政府的倡导下,由居民自行将垃圾分类存放。而企业是关键一环,它们具备垃圾回收利用的功能,由此实现一个产生、处理、直到回收利用这样一个循环往复的模式。巴西的垃圾处理模式强调政府、企业和社会三方的积极参与和分工合作。在垃圾从产生到处理的过程中,社会方是垃圾的主要生产者,垃圾分类后,按照类别再提供给企业进行回收利用。

6.4.2　发达国家农村生活垃圾分类及收集机制

1. 美国

源头分类是美国各州推进的垃圾分类措施，它不仅能够实现垃圾的源头控制和源头减量，也能够有效提升各类生活垃圾成分的纯度，促进各类有用物质的再生循环利用。美国各地普遍配备了各种分类收集垃圾箱和密闭式垃圾车，以保证实现分类清运。目前美国生活垃圾收运的卫生化、机械化水平很高，在生活垃圾综合治理上取得了很好的效果。美国各州都根据本地具体的实际情况，切实推进垃圾分类收集。例如，华盛顿州金县积极推进厨余垃圾分类收集，在庭院垃圾路边分类收集的基础上，增加了厨余垃圾及纸盒、纸板类垃圾的分类收集。收集到的厨余垃圾被送到县堆肥处理中心进行堆肥。

美国拥有完善的农村生活垃圾收集运输网络，成立了一些规模不大的家庭企业，由其负责农村生活垃圾的收集和运输。这些企业遍布全国，可以深入农村的每一个角落，适应美国农民居住分散的特点，有效地完成垃圾收集和清理的任务。这些企业的员工也是农民，他们开着小垃圾车，到各家各户收取垃圾，同时收取一定费用。例如，美国的西雅图市政府规定，每月每户居民的四桶垃圾，需交纳13.25美元的费用，每增加一桶垃圾，加收9美元。

2. 日本

日本认为将垃圾废物分类收集和带有能量回收的非焚烧方法结合利用，能够减少实施家庭生活垃圾资源化的总费用。其中分类收集发热量较低或没有发热量的废物（玻璃、金属），不仅能够减少垃圾焚烧的成本支出，也可以改善垃圾焚烧炉的燃烧条件。比如在既定焚烧炉的处理能力的条件下，利用分类收集和焚烧处理这两种技术的互补能够节省很多处理费用。同时，垃圾分类收集计划的实施，使各类不燃物或难燃物不能进入垃圾焚烧流程，从而提高了焚烧炉的焚烧效率，延长了垃圾焚烧炉的使用寿命，增加了垃圾焚烧炉接收的废物量，节省了建立新的垃圾焚烧厂的资金或增加垃圾焚烧炉的固定资金投入。为特别扶持垃圾焚烧产业，日本政府建立了居民的生活垃圾收集和分类制度，对生活垃圾的分类与收集时间有明确的规定，强制居民遵守相关的分类和收集制度，对违反者处以严厉的处罚。

日本为了最大限度地减少垃圾最终处理量，实施全民垃圾分类。从1982年起实行更严格的垃圾分类制度，主要把垃圾分为生活垃圾、产业垃圾、事业性垃圾、特殊性（如医院等）垃圾等。在日本，生活垃圾分为四大类：①一般垃圾，包括厨余类、纸屑类、草木类、包装袋类、皮革制品类、容器类、玻璃类、餐具类、非资源性瓶类、橡胶类、塑料类、棉质白色衬衫以外的衣服毛线类；②可燃性资源垃圾，包括报纸（含传单、广告纸）、纸箱、纸盒、杂志（含书本、小册子）、旧布料（含毛毯、棉质白色衬衫、棉质床单）、装牛奶饮料的纸盒子；③不燃性资源垃圾，包括饮料瓶（铝罐、铁罐）、茶色瓶、无色透明瓶、可以直接再利用的瓶类；④可破碎处理的大件垃圾，包括小家电类（电视机、空调机、冰箱/柜、洗衣机）、金属类、家具类、自行车、陶瓷器类、不规则形状的罐类、被褥、草席、长链状物（软管、绳索、铁丝、电线等），不同垃圾必须按规定时间、规定包装方式投放。

日本对垃圾分类也有较严格的监管制度，通过法律法规形式限制居民随意丢弃垃圾，政府根据垃圾种类确定收集日，居民只有在规定的日期内才能丢弃相应的垃圾。政府规定厨余垃圾要用指定的垃圾袋装，而其他垃圾是用专门的筐收集的，而且不同颜色的筐放不同的垃圾。对于家庭不能处理的垃圾，要交给专门处理所处理，比如家里的冰箱坏了，就要先去邮政局支付资源再利用费用，然后拿着收据才能把冰箱运到指定处理场。

3. 德国

德国早在 1904 年就开始实施生活垃圾分类收集，至今已走过 114 个年头。德国实行垃圾分类有法可依是在 1961 年，当时联邦德国和民主德国还处于分离状态，但它们都产生了比较正规的垃圾分类系统和成熟的法案，这主要是出于生态环境角度考虑，分类收集的垃圾部分可以再利用。按垃圾性质的不同，德国将生活垃圾主要分为两大类，即分类单独收集的垃圾和剩余垃圾。分类单独收集的垃圾包括纸类、绿色植物类有机垃圾（生的残余果蔬、花园垃圾等）、玻璃（分为棕色、绿色、白色）、轻质包装、大件垃圾（旧家具等）及废金属、废电池等。剩余垃圾则指其他不可回收的垃圾。垃圾收集分为收和送两个体系。

德国总共有 16 个联邦州，每个州的垃圾分类有所不同，以柏林为例，大体上可分为五大类，分别是有机垃圾、轻型包装、纸制品、玻璃制品及其他生活垃圾等。每一种垃圾分类都用一种颜色代表，棕色垃圾桶用于装有机垃圾，黄色垃圾桶用来装轻型包装，纸制品则是用蓝色垃圾桶来装，玻璃制品或其他生活垃圾则要装在绿色或者白色垃圾桶内。在柏林的大街上，通常会看到四个垃圾桶，分别用于装除了玻璃制品以外的四大类垃圾，而用于装玻璃制品的垃圾桶通常都统一安放在远离居民楼的专门回收区，以免造成噪音污染。

4. 法国

法国积极实施和推进生活垃圾分类收集工作，政府积极倡导和引领，广大市民积极配合。这样就大大降低了生活垃圾处理的难度及成本，最大限度地实现了可回收利用资源的循环再利用。由政府职能部门负责生活垃圾的综合治理规划，筹集治理投资，推广垃圾处理技术，推进公共意识教育等，而具体的农村生活垃圾收集、清运和处理处置业务则交由各类专门处理的企业负责。这些企业在进行垃圾处理经营活动的同时要接受政府职能部门的监督，包括对资金管理及环境治理的监控，以确保其市场经营符合国家的有关法律、法规，合理使用政府提供的财政资金。

5. 瑞典

瑞典采取了居民对生活垃圾进行初步分类储存和投弃的管理体制，家庭内对生活垃圾的初步分类原则是：①可直接回收利用废物，如新闻纸、金属制品及玻璃等；②可燃性废物，如纤维产品、纸塑包装材料等；③可降解有机物，如厨余物等；④有害废物，如废旧电器及电池等。可以说垃圾分类回收在瑞典已成为一项永久性的法律制度，也已成为可持续性废物管理和处置利用的重要前提条件。

6. 意大利

意大利政府管理部门建立了完善的垃圾分类回收政策，将垃圾回收分为五类，分别以绿、白、棕、银、黄五种不同的颜色进行标识，分别代表玻璃和金属罐、纸、有机垃圾、塑料和混合垃圾（无法进行分类的垃圾）的分类与收集。

6.4.3　发达国家农村生活垃圾处理经济政策

1. 美国

美国对农村生活垃圾的处理采取了有效的经济调节政策，美国农村生活垃圾根据产生的数量或容积，收取相应的垃圾费用，以调节农村生活垃圾的产生量。

例如，在美国农村通常按照垃圾的产生量或垃圾桶的容积，缴纳垃圾收集、处理费用，容器越小，收费越低，以鼓励农村居民减少垃圾量的产生。此外，对非日常生活垃圾，如建筑废弃物、废弃金属、废弃橡胶等的收集处理，也制定了详细的收费标准，这也促使当地居民延长了农村生活、生产物品的使用年限。通过以上有力的垃圾减量措施，美国农村人均产生的垃圾量已经基本上控制在每人每天 2 kg 左右。2010 年，美国农村生活垃圾的源头减少 5510 万 t，相当于农村生活垃圾总产生量的 1/4，可减少占用垃圾填埋场近 1 亿 m³ 的空间，这都极大地节省了农村生活垃圾处理设施的投资费用与运行费用。

美国农村生活垃圾处理基本上采取商业化运作，即成立大大小小的垃圾处理企业，这些企业负责处理垃圾，农民要向企业缴费。但是，对于有些项目，美国政府也给予一定的补贴。美国政府对农村生活垃圾治理的资助主要是由联邦政府农村发展部负责，重点是对农村公用设施的资助，而非提供全部建设资金。为了解决农村生活垃圾处理服务供给中的经费问题，美国设立专门的理事会或基金会，管理环卫资金。资金不仅包括政府的投入，也包括居民支付的垃圾费。对于垃圾处理厂的运营，实行"公共投资、私人经营"，即有关部门在建好垃圾处置厂后，先核算处理每吨垃圾的最低费用，然后将处置厂的运营权向社会公开招标，在达到环保标准的前提下，出价最合理的企业即获得运营权。

此外，美国还实行了抵押金制度和垃圾收费（税）制度。最初以碳酸饮料和啤酒的玻璃瓶为对象收取押金，后来又增加了铝制易拉罐容器。实行抵押金制度，可有效地提高饮料瓶罐的循环再利用率，同时，还可有效防止饮料瓶、罐乱扔现象。美国许多州都实行了垃圾收费（税）制，其主要依据家庭的丢弃垃圾的量。除资源垃圾的收集免费外，其他垃圾的收集全部收费。

2. 德国

德国政府制定了许多经济政策来引导居民和生产商的行为，以使全社会参与到垃圾处理的活动中。包括：①垃圾收费政策。垃圾处理费的征收主要有两类，一类是向居民收费，另一类是向生产商收费（又称产品费）。对于向居民收费，德国各地的垃圾收费方法不尽相同，有的是按户收费，以垃圾处理税或固定费率的方式收取；有的是按垃圾排放量来收。产品费的确立则大多反映在垃圾立法中，最直接相关的法律概念是"生产者责任"或"全民责任制度"两种。德国采取垃圾收费政策强制居民和生产商增加了对废弃物的回收和处理投入，为垃圾的治理积累了资金，推动了垃圾的减量化和资源化。②生态税。德国在国内工业经济界和金融投资中将生态税引进产品税制改革中。生态税的引入有利于政府从宏观上控制市场导向，促使生产商采用先进的工艺和技术，通过经济措施引导生产者的行为，进而达到改进消费模式和调整产业结构的目的。③押金抵押返还制度。1998 年德国政府就通过了《饮料容器实施强制押金制度》的法令，该法令规定在德国境内任何人购买饮料时都必须多付 0.5 马克①，作为容器的押金，以保证容器使用后退还商店以循环利用，这是欧洲第一个有关包装回收的法令。押金抵押返还制度也存在一定的缺陷。德国规定塑料瓶保证金并强制退还塑料瓶后，德国啤酒和软饮料生产商几乎都将塑料瓶改为玻璃瓶。

此外，德国通过制定一些法律法规，对垃圾焚烧产业进行补贴。补贴通常一部分来自财政投入，一部分来自政府通过发行市政债券筹集的资金。目的是通过垃圾焚烧的收益，促进私人资本进入垃圾焚烧产业，同时保证垃圾焚烧等市政设施持续运转。

3. 英国

英国 2005 年 1 月开始实施有关垃圾税的新政策，贯彻这个新政策时，使用了一种新式的垃圾收集系统，该系统包括装有电脑芯片和电子秤的垃圾桶，使用时居民需插入专门的 IC 卡。每月征收垃圾税时，会同市政部门工作人员到各家各户，用专门的读卡器读取 IC 卡上的数据，据此征收垃圾税。与此项工作相匹配，各地方政府还增设了废旧物资回收站，用以接收居民交来的可回收利用物。

4. 法国

法国没有设立农村生活垃圾管理的专门税种（垃圾税或垃圾费），其在农村生活垃圾综合治理过程中产生的各种费用由市政府从统一收缴的税费中，按审计预算结果依法划拨。企业在取得政府资金补贴的同时，也接受政府职能部门的监管。政府直接安排公务人员管理企业资金，准确评估垃圾清运、处理和处置所涉及的成本和收入，认定成本回收事项，为确定补贴提供标准。同时政府公务人员通过监督企业的生产经营，掌握各种有利于降低成本、增加收入的技术政策，以帮助指导制定合理的税收并在保证有效管理的机制下，实现成本回收。

---

① 德国货币单位。2002 年 7 月 1 日起停止流通，被欧元取代。

6.4.4　发达国家农村生活垃圾处理产业化

1. 美国

美国的生活垃圾的收集、回收、处理、加工及销售是一个系统的产业,依靠商业模式来运行。20 世纪 70 年代,由于当时不少美国农村乡镇中,无力自行建设垃圾填埋场,加上垃圾填埋场选址困难,推动了当地政府实行市场化运作的改革。自 1990 年以来,农村生活垃圾处理的私有化趋势非常明显。以加利福尼亚州的 Norcal 废弃物处理中心为例,该企业业务包括收集、回收、运输、加工以及垃圾填埋场运作。它拥有若干个废弃物回收中心,垃圾填埋场和有机废弃物堆肥场。废弃物处理场的收益主要有两个方面:一是居民和商业机构交纳的废弃物处理费;二是回收产品和副产品的销售费。而规模小的废弃物处理企业只有废弃物回收中心,它只需要将其废弃物运送到其他企业附属的垃圾填埋场,并交纳垃圾填埋费。

2. 德国

德国政府较早地认识到垃圾处理是全民的事业,由于其投资巨大,不能完全依靠政府来解决垃圾问题,必须广泛吸引私人资本参与才能迅速发展。德国的垃圾管理采取了纯市场化的运行机制,政府无须财政补助,企业是垃圾回收和循环利用的主体。如 1991 年成立了德国双轨制回收系统(DSD)。DSD 享受政府法令规定的免税政策,是由近 100 家生产和销售企业组成的民间组织。DSD 的运作模式为:生产企业从包装产品制造商购买包装,生产企业要向 DSD 缴纳绿点费,待生产企业将商品卖给消费者后,消费后的废弃包装将由 DSD 负责分类回收,循环利用。

德国已经建立起比较平衡的系统,如果后端处理成本过大,就会有相应较高的前端收入作为补充,即政府在进行招标时的合同所约定的收入。所以,追溯到源头,居民在进行垃圾分类时,管理部门会根据居民的垃圾种类收取不同的费用。许多垃圾处理企业纷纷引进更先进的技术,提高工作效率,以期获得更多的垃圾处理权。通过市场化运作和财政补贴,德国政府使垃圾处理变成了盈利的事业,从而实现了政府、居民和垃圾处理企业三方都得利的局面。

6.4.5　发达国家农村生活垃圾处理的宣传教育

1. 美国

通过教育和宣传方式提高国民的环境保护意识和节约资源的意识，一直是美国政府环境管理手段之一，每年投入大量的资金用于公民的环保教育，形成了全社会的环境意识。政府部门免费发放垃圾分类指导手册，介绍如何根据垃圾的特性进行相应的处理。美国联邦环保局与全国物质循环利用联合会专门开设网点，宣传有关再生物质的知识，并从 1997 年开始每年的 11 月 15 日定为"美国回收利用日"。公众对于农村生活垃圾处理和回收等有任何问题，都可拨打"311"热线得到答复。

美国在制定环境相关法律、计划时，或者在许可建造废弃物处理设施时，都需要邀请农民广泛参与，而不仅仅是征求意见。只有农民参与制定的法律和计划，农民才有意愿遵守和执行，才是具有可操作性的法律和计划。根据法律，农民可以申请组成类似于非政府组织的农村社区自治体，宣传、推广废弃物循环利用知识和家庭简单易行的再利用、资源化方法，或者是直接开展废弃物回收。在美国乡村，社区是最基层、最贴近民众的社会管理单位，是广大民众活动的基本场所。在农村社区中，主要实行公民自治，政府一般不干预社区管理，只是负责制定社区发展规划，提供财政支持，并对社区运行进行监督。像农村生活垃圾治理项目的选址、设计和规划等活动，是由当地居民自己组织、自愿参加的。每家每户都有一个带轮子的垃圾箱，每天早晨送到公路边，由专车带走分类垃圾。

2. 德国

通过教育的方式提高公民环境保护和节约资源的意识是德国政府主要的环境管理手段之一，每年投入大量的资金用于公民的环保教育，这对于生活垃圾的管理有积极的作用，一方面通过教育加强公民的环保意识，使人们认识到垃圾处理同自己息息相关；另一方面通过赋予利用废物生产的新产品以特殊的标志和荣誉，使这些产品具有特殊的内涵，鼓励人们使用此类产品，使全体居民都自觉地参加这个循环系统。

3. 日本

日本对垃圾分类回收的教育是"从娃娃抓起"的,儿童从小就在家庭和学校受到正确处理垃圾的教育;环境管理部门定期给居民讲授与循环经济有关的知识,普及环保意识;政府及时发放当地有关垃圾处理的规定,精准到每一家、每个人。

对于市民参与,日本开展得比较完善,包括政府与居民自治组织的合作、与志愿者的合作,政府与居民的沟通,环保意识和知识的普及,等等。表 6-4 是市民参与的方式概括和总结。

表 6-4　市民参与的方式及效果

方式		计划与系统的制定				普及	评价	对象
		信息公开	听取意见	选取提案	形成合意			
媒体	公报	◎			△	◎		所有市民
	简报	◎			○	◎	△	所有市民
	网站	◎	○	○	○	◎	△	所有市民
调查	问卷	△	◎	◎				所有市民/活动领导者
	采访		◎	◎	○		○	活动领导者
	学习会	○	◎	◎	△	○		感兴趣市民
	现场会	△	◎	○		○	○	感兴趣者/活动领导者
组织	审议会等	○	◎	◎	◎	○	○	委员
	研究会(持续型)	○	◎	◎	◎	○	△	研究会成员
活动	研究会(单次型)	○	◎	◎	◎	○		感兴趣市民
	研讨会	◎	◎	○	○	◎		所有市民/感兴趣市民
	社会实验	◎	◎	◎	○	◎	△	所有市民/感兴趣市民
意见	公众意见	◎	◎	◎	◎	◎	○	所有市民/感兴趣市民
	说明会等	◎	◎	◎	◎	◎	○	所有市民/感兴趣市民/活动领导者

注:◎有良好效果;○有效果;△效果一般

6.5　垃圾焚烧技术的应用及污染控制

6.5.1　垃圾焚烧技术的应用

早在 1885 年,美国在纽约就建设了第 1 座垃圾焚烧炉,对垃圾进行减量化,到 1930 年美国约有 700 座垃圾焚烧炉。这一时期的垃圾焚烧炉技术落后,焚烧工况差、焚烧不完全，且造成的烟气未经处理。这些焚烧炉最后都被关闭。到了20世纪60年代，随着垃圾焚烧烟气处理技术的进步，垃圾焚烧技术得到了普及和发展。

垃圾焚烧技术发展最快的时期为20世纪70~90年代。这期间，几乎所有的中等发达国家、发达国家都建立了不同规模的垃圾焚烧厂。垃圾焚烧的减量化、资源化及无害化效果都很理想，垃圾焚烧技术蓬勃发展。经过几十年的发展，机械炉排及流化床焚烧炉的类型基本定型，二次污染物防治技术已经成熟。

20世纪80年代以前，美国、英国、德国、荷兰、西班牙和法国等一些国家的生活垃圾的处理方式主要为填埋法。此后，随着经济的迅速发展，越来越多的国家采用焚烧法处理生活垃圾。现今，日本、丹麦、法国和新加坡等采用焚烧法处理生活垃圾的比例接近或已经超过了填埋法。

一些发达国家在垃圾焚烧处理生活垃圾的比例如图6-1所示。

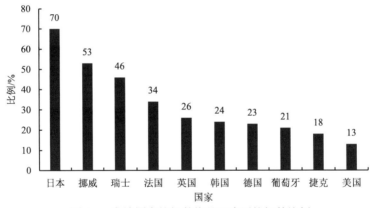

图6-1 发达国家垃圾焚烧处理生活垃圾的比例
日本为2013年数据，其余为2014年

6.5.2 垃圾焚烧技术的污染控制

垃圾焚烧的优点是能对垃圾进行减量化，其中的有害物质基本被破坏，焚烧后的垃圾灰渣中不再含有卤化碳氢物，灰烬不释放有害气体，不向地下渗漏污水，填埋时不会污染环境，也不会留下将来污染环境的隐患。

然而，焚烧处理在其显著的技术优势背后，同样存在着不可避免的弊端和隐患。首先，焚烧处理的成本花费较高，相当于填埋处理的2倍以上。而更重要的是，焚烧处理若无法达到规定的技术标准，或缺少适当的废气废渣处理工序，稍有不慎即会排放出大量有害物质，包括二噁英、一氧化氮、二氧化硫等。而其中危害最大也是最受关注的即是二噁英类化合物（Dioxins）的排放。

美国早期由于运距过远或没有处置设施，存在大量露天焚烧现象，现在尽管已经具备了运输条件和处理设施，但因为生活习惯的原因，仍有大量农村露天焚烧。美国环境保护署发布报告称：露天焚烧的危害比露天堆放更大，会产生大量二噁英等烟气，烟气难以扩散，会污染当地食物链，并且直接影响焚烧点附近的居民身体健康。美国各州都颁布了禁止或者约束露天焚烧的法规。

2007 年，美国环境保护署对国内 90 多座焚烧能力在每日 250 t 以下的小型垃圾焚烧炉制定了更加严格的大气污染控制标准。由于这些小型垃圾焚烧炉在垃圾焚烧过程中释放较为严重的污染物，如二噁英和多氯联苯等。美国联邦上诉法院认为环境保护署未能根据《空气清洁法》的要求对小型垃圾焚烧炉的大气污染制定环保标准，因此要求环境保护署对其重新制定更加严格的环保标准。

日本在 20 世纪广泛普及垃圾焚烧技术的同时，二噁英污染逐渐成了又一大社会与环境问题。20 世纪 90 年代，因垃圾焚烧造成的二噁英污染事件在日本屡见不鲜，在所沢市三富地区、大阪府能势町、茨城县北相马群利根町等地区分别发生过严重的二噁英污染问题。对此，1999 年 7 月日本政府正式制定了《二噁英类对策特别措施法》，对各类二噁英排放源，特别是垃圾焚烧炉的二噁英排放制定了严格的规范标准及监控体系。至今，二噁英问题在日本仍然备受关注，其对策也在不断修改与完善中。

根据日本《节能法》《关于促进新能源利用的特别措施法》等法规，企业内部广泛设置公害防止管理员，提高工艺，节能环保；同时也有一大批企业积极投入包括垃圾焚烧污染控制在内的技术研究和成果推广。为了减少对公众健康的影响，日本对垃圾焚烧产生的二噁英的控制极为严格，2006 年日本垃圾焚烧厂二噁英年排放量为 54 g，到 2020 年其排放标准将降至每年 51 g。日本对二噁英的主要控制措施包括：保持足够高的分解温度，一般在 850～1100℃，焚烧炉内烟气停留时间在 2s 以上；喷射活性炭等吸附剂；采用布袋除尘器对细微颗粒进行捕集。

德国执行世界最严格的垃圾焚烧设施排放技术标准，境内所有加装过滤设备的垃圾焚烧设施，其二噁英排放量已经从 400 g 降低到 0.5 g 以下，几乎是原来的千分之一。

瑞典普遍采用的焚烧炉型为阶梯式活动炉排炉，同时配备先进高效的余热利用系统和尾气净化系统，焚烧残渣进行填埋处置或经一定预处理后用作铺路材料。瑞典对垃圾焚烧的污染控制要求主要包括：新建垃圾焚烧厂的二噁英排放当量为

$0.1 ng/Nm^3$；新建的垃圾焚烧厂中需采用先进的二噁英污染控制技术，包括在焚烧炉内加入二噁英生成抑制剂，或是在原有尾气净化系统中增加活性炭吸附装置；焚烧炉的飞灰（空气污染控制残渣）必须采用特殊方法进行处理。

6.6　发达国家农村生活垃圾处理及监管的经验借鉴

（1）完善的法律法规

发达国家走过了一条从无序到有序，从无章可循到建章立制，最后逐步实现法制化的农村生活垃圾处理历程。针对垃圾焚烧，各发达国家均制定了专门的法律法规。例如，日本围绕垃圾处理制定了《废弃物处理法》《废物管理和公共净化法》等10余部法律法规。针对垃圾焚烧，日本制定了《二噁英类对策特别措施法》，对二噁英排放规则、其对健康和环境影响的监控，以及政府减少排放计划的制定均做出了相应规定。这些法律法规的制定和实施，不仅有效规范了日本垃圾产生及处理处置的各个环节，实现了全社会垃圾治理的良性循环，而且促进了垃圾焚烧等技术的进步以及垃圾处理相关产业的发展。

（2）适度的垃圾收费

发达国家都非常重视经济促进政策的作用，而生活垃圾处理收费制度是当今世界各国普遍采用的环境保护经济手段。日本《废弃物处理与清扫法》第2章第6条第6款规定，市、镇、村地方政府可根据本市、镇、村所制定的条例，对其普通废弃物的收集、运输和处理作业收取必要的费用。日本形成了三种收费方式：一是定量制，即按垃圾排出量收费。二是定额制，即按户或人头收费，但对独居老人或独身者有优惠。三是量多收费制，定量以下免费，超过定量则以量收费。德国实行生活垃圾收费制度，费用包括两部分，一部分是排污费用，另一部分是社会服务费用。这一制度既能抑制垃圾量的产生，同时又可以补偿垃圾处理的运营费。美国推行"多扔多付"的垃圾收费体系，每个家庭都要为垃圾的收集和处置承担成本，没有免费倾倒的垃圾。

（3）明确的主体责任

垃圾处理处置需要政府、企业公众全民参与，需要每个社会成员明确自己在生活垃圾处理流程中该做什么、如何去做。发达国家通过法律法规明确国家、地方政府、企业和公众等各垃圾处理参与主体的责任。通常，国家的责任主要是确定垃圾处理处置的基本原则；地方政府的责任是制定和实施相关的地方性政策，并采取必要措施，确保垃圾得到有效的处理处置；企业和公众的主要责任是采取必要措施，尽量减少废弃物的产生。

（4）合理可行的标准

垃圾治理是一个循序渐进的过程，排放标准及技术标准必须与经济社会发展现状相适应才能发挥实效，制定标准应避免"一刀切"。日本垃圾焚烧污染物排放限值的确定尤其值得我国借鉴。为了控制垃圾焚烧带来的二次污染，日本《废弃物处理法》特别规定了垃圾焚烧厂应当达到的所有技术条件，比如燃烧温度、建筑结构等，还要求焚烧厂检测二噁英及其他污染物的浓度。日本针对不同处理规模的焚烧炉采用不同的排放限值，对二噁英设定了 0.1 TEQ ng/m³、1 TEQ ng/m³ 和 5 TEQ ng/m³ 三档限值，对应的处理规模分别为>4 t/h（48 t/d）、2～4 t/h（24～48 t/d)和<2 t/h（24 t/d)。从标准实施成效来看，日本三档焚烧炉的排放均值分别约为 0.04 TEQ ng/m³、0.25 TEQ ng/m³ 和 0.55 TEQ ng/m³，根据相关统计报告，仅约 20 座焚烧炉不达标，达标率超过 98%。

第7章 农村生活垃圾科学管理

7.1 因地制宜地推动农村生活垃圾治理

从各地的调研情况可知，我国农村生活垃圾处理模式随国家政策及地方经济发展而演变，大致经历了自由处置、城乡一体化、因地制宜三种模式。

早期的自由处置模式，农村生活垃圾主要以自主回收、简易堆肥、露天焚烧、随意丢弃等方式消纳。这种模式下，村民往往按照就近原则，将垃圾随意倒在沟边、河边、塘边、路边等地带，致使垃圾成堆，大多数村里也没有相应的机构去处理垃圾，去维护环境。长期暴露的垃圾堆容易滋生蚊蝇、老鼠等，成为各种疾病的传染源，规模庞大的农村生活垃圾不仅占用大量土地，其中一些有害物质还极易破坏地表植被，影响农作物生长，造成土壤、河流环境污染，随意焚烧垃圾使得空气污染严重，影响着农村的发展和村民的身体健康。

"十一五"开始，随着新农村建设工作开展，政府要求农村进行垃圾规范化处理并出台了相关的管理规定，要求采用"村收集、乡（镇）转运、县（市）处理"城乡一体化模式并在全国多地试点。转运到县（市）的垃圾，其处理采用的主要技术是卫生填埋或焚烧，其中焚烧规模按照《生活垃圾焚烧处理工程技术规范》（CJJ 90—2009）规定不能小于 150 t/d。城乡一体化模式需要大量的资金，但是农村可变现的公共资源有限，村民自有资金也十分有限，且政府的财政投向主要为城市垃圾处理，而对乡镇和农村的生活垃圾处理投入极少，导致这一模式难以推广。目前仅广东珠江三角洲地区、江苏苏南等区域的经济发达县市能成功推广这一模式，而大部分经济欠发达或道路运输不便的农村地区难以适用。与此同时，由于这一模式的提出，大多数省市并未自主探索适合本地实际情况的农村生活垃圾处理模式，导致农村生活垃圾治理进一步延滞。

2014 年 5 月，《国务院办公厅关于改善农村人居环境的指导意见》（国办发

〔2014〕25 号）提出了"因地制宜，分类指导"的原则，指出"交通便利且转运距离较近的村庄，生活垃圾可按照'户分类、村收集、镇转运、县处理'的方式处理；其他村庄的生活垃圾可通过适当方式就近处理"。2015 年 11 月 3 日，住建部、中央农办、中央文明办、发改委、财政部、环保部等十部委联合发布《关于全面推进农村垃圾治理的指导意见》，在全国范围内对农村垃圾宣战，并指出"防止简单照搬城市模式或治理标准'一刀切'"，我国农村垃圾处理进入了"因地制宜"模式阶段。从调研情况看，大多数省市根据中央文件精神，因地制宜地制定了相关农村生活垃圾治理指导意见。广西、云南、贵州、江西等经济欠发达省市充分调动市、县、乡镇及村民的积极性，探索推动了"户分类、就地处理""村收集、村处理""村收集、乡镇或区域集中处理"等多种因地制宜模式。广东、江苏、海南、浙江等经济发达省市推行城乡一体化模式为主、其他模式为辅的路线。

　　近两年的发展状况表明，因地制宜模式符合我国现阶段的实情，易于调动各方的积极性，可以引导各地摸索建立适合当地的农村生活垃圾长效治理模式。在因地制宜模式下，青海、广西、云南等地农村生活垃圾治理已初显成效，其他各省也取得了积极进展。

7.2　科学认识农村生活垃圾小型焚烧的合理性

　　我国广西、江西、云南、贵州、湖北、湖南、浙江、广东、江苏、安徽、福建、河北、青海等省（自治区）农村地区建设了成千上万台生活垃圾小型焚烧设施，这些焚烧设施在当地生活垃圾治理中发挥了不可替代的作用，其存在与发展具有合理性。

　　目前农村生活垃圾集中处理首先面临的是运输问题，我国大部分农村地区或山高或路远，长距离垃圾运输成本高且会产生尾气污染。如西北高原部分地区乡镇到县城的距离 100～200 km，运输成本高。同时，垃圾车运输产生的污染也不容忽视，以 NO_x 排放为例，粗略估算，垃圾运输量为 7.5 t 的柴油车，其 NO_x 排放因子以 10 g/km 计[53]，则运输 200 km 将排放 NO_x 约 2 kg。采用现有常规的垃圾焚烧及尾气治理技术，NO_x 产污系数以 0.65 kg/t 计，脱硝效率以 60%计，则 7.5 t 垃圾焚烧排放的 NO_x 约为 1.95 kg。

　　长效资金保障是影响垃圾处理的主要因素，由于我国长期以来城乡二元化的格局，目前除沿海经济发达的地区外，大部分农村地区的经济水平远远落后于城市，并且中央财政从 2008 年才开始投入专项资金对农村环境进行综合整治，其中仅少部分资金用于垃圾治理，较之巨大的需求，无疑是杯水车薪，因此农村生活垃圾治理经费投入十分缺乏。小规模就近焚烧投资小、运行成本低，其资金保障难度相对低很多。

农村生活垃圾处理方式选择需要考虑地质条件。地质条件是影响垃圾处理方式的重要因素，部分地区地质条件不满足填埋的要求，只能选择焚烧。如贵州黔东南、湖北恩施等地山区为熔岩地质，填埋场难以选址。在青海玉树及西藏等高原地区，生态脆弱，原生植被经历了数百年才形成，一旦挖掘破坏难以恢复，寸土寸金，垃圾填埋一方面选址困难，另一方面填埋覆土成本十分昂贵，甚至无土可用。

生活垃圾处理应考虑环境容量。垃圾焚烧会产生颗粒物、SO_2、NO_x、重金属、二噁英等气体污染物，这也是导致城市垃圾焚烧发电项目出现邻避效应的主要原因。我国农村长期有露天或在自家炉灶焚烧垃圾的习惯，在远离居民区的乡村，环境容量大，科学设计的小型焚烧设施对环境的影响很小。目前农村小型焚烧设施虽然很多，但至今尚未遇到群体性抵制事件。

因此，对农村生活垃圾的处理，在经济发达地区，城市周边可采用"村收集、乡（镇）转运、县（市）处理"为主导方法，在经济发展水平较低、远离城市、交通不便、环境容量大、特定的地质及气候条件等农村及高原地区，其垃圾可以采用小型焚烧设施处理。

7.3　积极推动农村生活垃圾小型焚烧技术发展

目前，我国大部分农村地区采用的焚烧及烟气污染控制技术水平仍然较低，仍需大力推动先进技术的研发和推广应用。

在焚烧技术方面，需要重点开发成本低、结构简单、投资小、启停方便、易于操作、适合农村使用的焚烧炉，比如热解气化炉。目前，各种形式的焖烧炉仍然广泛存在，这些焚烧炉燃烧很不完全，二次污染物产生量较大，因此长远来看，必须改进或者逐步淘汰。热解气化是目前最适合农村处理规模小、经济投入有限等特点的垃圾焚烧技术，代表着我国农村生活垃圾处理处置技术发展的一个重要方向。

在烟气污染控制技术方面，需要重点研发多污染物协同控制技术。农村地区维护不便，操作要求不能过高，经济能力有限，因此，农村生活垃圾焚烧烟气污染控制技术必须以尽量少的工艺单元，实现多种污染物协同控制。

7.4　正确认识农村生活垃圾小型焚烧的环境影响

近年来，生活垃圾的二次污染问题受到了广泛关注。任何垃圾处理工程的运行都面临着有效处理垃圾和二次污染控制的双重任务，其二次污染控制也成为垃圾治理能否可持续发展的关键所在。对垃圾填埋而言，其渗滤液污染对水的污染、恶臭气体对大气的污染以及重金属对土壤的污染，都需要采取有效措施控制；对垃圾焚烧而言，其烟气污染、废水污染及飞灰污染，也都需要采取有效措施控制。近年来，由于少数企业运营不规范、部分媒体夸大宣传等，城市垃圾处理产生的邻避效应越来越严重，有些地方虽然垃圾围城，却仍然被迫停滞垃圾治理工作。农村生活垃圾小型焚烧同样要处理好这一难题，而其关键在于正确认识小型焚烧的二次污染。

焚烧最容易产生的二次污染是飞灰和烟气，其中飞灰二次污染可以采用固化、送填埋场处理等方式控制，烟气污染可以通过燃烧优化及末端控制等手段控制。

烟气二噁英是最受关注的一种污染物，一些媒体在介绍垃圾焚烧时有意或无意地夸大了垃圾焚烧的危害，如曾有国内媒体转述西方报刊报道说"中国兴建垃圾焚烧炉的计划一旦实施，全球的二噁英排放可能会在现在的水平上翻番"，这完全与事实不符。据 2009 年 5 月在瑞士日内瓦召开的斯德哥尔摩公约第四次缔约方大会公布的文件，全球二噁英年排放量为 $13×10^4$ TEQ g，中国垃圾焚烧年排放二噁英为 338 TEQ g。在对待中国建设垃圾焚烧设施的宣传上，西方一些媒体存在有意妖魔化中国的倾向。事实上，有研究表明，生活垃圾焚烧向大气排放二噁英类的量仅占我国各类二噁英类污染源大气排放总量的 1.4%，人体内的二噁英类 90%以上来自食品，因生活垃圾焚烧可能会产生二噁英类物质就从根本上否定此技术是不科学的。并且国外早就有研究证明当烟气中二噁英类的排放浓度低于 1 TEQ ng/m³ 时，不会对生态环境和人体健康造成不良影响。1996 年美国环境保护署对俄亥俄州某地的一座废弃物焚烧厂（距居民居住地、小学和饮用水源地都很近且运行了 10 年）开展了广泛的环境和人体健康影响调查，耗资 100 万美元，完成的调查报告厚达 3300 页。报告结论是，此焚烧厂运行没有对当地生态环境和人体健康造成不利影响。

国家环保公益性行业科研专项"农村垃圾焚烧污染控制与监管技术研究"针对农村生活垃圾焚烧的二噁英布点监测结果，也证明露天焚烧、土法焖烧均会带来严重污染，其二噁英排放对周围敏感点的影响极大，而农村地区大量采用的简易焚烧技术虽然污染控制水平有待提升，但其二噁英排放（0.082 TEQ pg/m³）对周边敏感点的影响较小，远低于日本的标准（0.6 TEQ pg/m³）。随着各类更高端、更先进的小型焚烧技术推广，其二噁英控制水平将进一步提升，完全可以避免对生态环境和人体健康的不利影响。

要解除垃圾焚烧的二次污染魔咒，需要政府、企业和公众齐心协力。

政府首先要监督垃圾焚烧企业及时公开排放数据，对烟气污染物排放情况进行实施监督。烟气中痕量的二噁英类尚不能做到实时在线监测，但可以通过一些在线监测的数据推测二噁英类物质的排放情况。烟气中的一氧化碳含量可以表征燃烧效率，含量高说明燃烧不充分，二噁英类物质的含量就有可能高，反之亦然。烟气中的烟尘含量能反映除尘器的除尘效率，在二噁英类物质生成量相同的情况下，烟尘排放量越低，烟气中二噁英类物质的含量就越少。其次要应对垃圾焚烧场的选址做好规划，并及时公开，避免社会无端猜测。

企业应不断改进自身技术、提高运行管理水平，避免在垃圾焚烧处理过程中产生异味或排放二噁英等污染物，做到真正的无害化。同时，企业还应具有环保意识，不能为省钱，低价竞争，或采取低廉的焚烧方式，排放出大量有害物质，导致大气污染。

公众也需要提高环保意识，在日常生活中落实垃圾分类，为垃圾焚烧处理创造良好条件，同时，正确认识垃圾焚烧项目，不要一味将其看作洪水猛兽。

7.5　加强农村生活垃圾小型焚烧监管

目前，我国针对农村生活垃圾小型焚烧的监管比较薄弱，针对性的、系统性的监管政策基本还是空白，法律法规、污染控制标准、焚烧及污染控制技术标准、保障性政策等方面都需要加强。

在法律法规方面，应该尽快将农村生活垃圾治理纳入法制轨道，应对《固废法》等相关法律进行修订，增加关于农村生活垃圾处理处置的具体规定，并加强地方相关法规的制修订力度。

在污染控制标准方面，针对农村生活垃圾焚烧的特点，制定科学、适用、合理的过程控制、排放限值及监测方法,并鼓励制定地方污染控制标准。标准应适用于农村生活垃圾焚烧设施的设计、环境保护设施设计、竣工环境保护验收、运行过程中的污染控制及监督管理,标准应规定选址要求、进炉垃圾要求、焚烧及污染控制技术要求、设施运行要求、污染物排放控制要求和监测要求等。污染物排放指标应特别关注 CO 和颗粒物,污染物限值应避免照搬城市垃圾焚烧厂或"一刀切"。

　　在焚烧及污染控制技术标准方面,应结合农村生活垃圾焚烧的技术发展现状,系统完善基础标准、通用标准和专用标准,并鼓励制定地方技术标准。当务之急是制定《生活垃圾小型热解气化处理工程技术规范》《农村生活垃圾焚烧污染控制技术指南》等标准,同时对《农村生活污染防治技术政策》《农村生活污染控制技术规范》等标准进行修订。

　　在保障性政策方面,应重点制定宣传教育、经济政策、许可条件等政策措施,并落实相关的地方细则。应加强宣传教育,改善管理人员重视不够、群众认识错误、舆论导向偏差等问题。应制定农村生活垃圾焚烧许可条件政策,规定农村生活垃圾焚烧处理应满足的区域特征、污染控制水平和建设基础等条件,引导各地应根据本地实际情况,综合评估各项条件后确定禁止或允许建设生活垃圾小型焚烧设施的区域。应制定多措并举的经济政策,克服经济因素对农村生活垃圾焚烧污染控制的制约。

参 考 文 献

[1] 朱慧芳，陈永根，周传斌. 农村生活垃圾产生特征、处置模式以及发展重点分析[J]. 中国人口·资源与环境，
2014, 1(S3)：297-300.

[2] 岳波，张志彬，孙英杰，等. 我国农村生活垃圾的产生特征研究[J]. 环境科学与技术，2014, 37(6)：129-134.

[3] 邱才娣. 农村生活垃圾资源化技术及管理模式探讨[D]. 杭州：浙江大学，2008.

[4] 于晓勇，夏立江，陈仪，等. 北方典型农村生活垃圾分类模式初探——以曲周县王庄村为例[J]. 农业环境科
学学报，2010, 29(8)：1582-1589.

[5] 姚伟，曲晓光，李洪兴，等. 我国农村垃圾产生量及垃圾收集处理现状[J]. 环境与健康杂志，2009, 26(1)：
10-12.

[6] 闫骏，王则武，周雨珺，等. 我国农村生活垃圾的产生现状及处理模式[J]. 中国环保产业，2014：49-53.

[7] 管蓓，刘继明，陈森. 农村生活垃圾产生特征及分类收集模式[J]. 环境监测管理与技术，2013, 25(3)：26-29.

[8] 韩智勇，梅自力，孔垂雪，等. 西南地区农村生活垃圾特征与群众环保意识[J]. 生态与农村环境学报，2015,
31(3)：314-319.

[9] 张敏，韩智勇，姜磊，等. 我国部分地区农村生活垃圾处理现状及模式[J]. 中国沼气，2016, 34(2)：89-95.

[10] 齐博. 华阴市农村生活垃圾处理处置体系研究[D]. 西安：西北大学，2016.

[11] 聂二旗，郑国砥，高定，等. 中国西部农村生活垃圾处理现状及对策分析[J]. 生态与农村环境学报，2017,
33(10)：882-889.

[12] 张爱平，李民，陈炜鸣，等. 成都周边农村生活垃圾的特性、村民意识与处置模式研究[J]. 环境污染与防治，
2017, 39(3)：307-313.

[13] 魏星，彭绪亚，贾传兴，等. 三峡库区农村生活垃圾污染特征分析[J]. 安徽农业科学，2009, 37(16)：7610-
7612.

[14] 吉崇喆，张云，隋儒楠. 沈阳市典型农村生活垃圾调查及污染防治对策[J]. 环境卫生工程，2006, 14(2)：51-54.

[15] 宫傲，孙黛，刘辛宇，等. 东北地区农村生活垃圾特征及处理模式研究[J]. 广东化工，2019：48.

[16] 王翎均，梁成华，王军，等. 辽宁省农村生活垃圾现状及处置对策研究[J]. 浙江农业科学，2014(7)：1072-
1075.

[17] 於俊颖，岳波，赵丹，等. 华中地区典型农业型村镇生活垃圾的理化特性及季节变化分析[J]. 环境工程，2018(3)：26.

[18] 范先鹏，董文忠，甘小泽，等. 湖北省三峡库区农村生活垃圾发生特征探讨[J]. 湖北农业科学，2010，49(11)：2741-2745.

[19] 高海硕，陈桂葵，黎华寿，等. 广东省农村垃圾产生特征及处理方式的调查分析[J]. 农业环境科学学报，2012，31(7)：1445-1452.

[20] 李妍，高贤彪，梁海恬，等. 华北都市型农村生活垃圾产生特征与处理模式构建[J]. 农业工程，2019(8)：56-61.

[21] 王晓漩，杜欢，王倩倩，等. 河北省平原地区农村垃圾现状调查及处理模式探究[J]. 绿色科技，2015(12)：215-218.

[22] 毕珠洁. 长三角农村生活垃圾分类治理典型模式研究[J]. 环境卫生工程，2018，26(5)：8-11.

[23] 马军伟，孙万春，俞巧钢，等. 山区农村生活垃圾成分特征及农用风险[J]. 浙江大学学报（农业与生命科学版），2012，38(2)：220-228.

[24] 刘睿智. 青岛市城阳区农村生活垃圾治理调查研究[D]. 成都：西南交通大学，2014.

[25] 刘永德，何品晶，邵立明，等. 太湖流域农村生活垃圾产生特征及其影响因素[J]. 农业环境科学学报，24(3)：118-122.

[26] 冀海波. 农村垃圾综合处理[M]. 石家庄：河北科学技术出版社，2013.

[27] 徐帮学. 生活垃圾堆肥DIY[M]. 石家庄：河北科学技术出版社，2013.

[28] 赵晶薇，赵蕊，何艳芬，等. 基于"3R"原则的农村生活垃圾处理模式探讨[J]. 中国人口•资源与环境，2014，24(5)：263-266.

[29] 朱满，吐尔逊. 新疆农村生活垃圾问题及治理建议[J]. 实事求是，2016(6)：54-56.

[30] 秦秀芳. 关于武威市农村生活垃圾管理工作的调查与思考[J]. 农业科技与信息，2019(17)：124-126.

[31] 周宇坤，施永生，卢林，等. 云南省小城镇生活垃圾处理模式探索[J]. 环境卫生工程，2015，2(23)：21-23.

[32] 余明友，周玉娟. 贵州偏远山区农村生活垃圾处理的问题与对策[J]. 现代化农业，2017(9)：29-31.

[33] 曾荣，易蔓，王莉玮，等. 重庆市典型村庄生活垃圾产生特征及处理模式[J]. 西南大学学报（自然科学版），2017，39(7)：143-148.

[34] 杨阳，冯庆祥，张剑峰，等. 黑龙江省农村垃圾现状调查及对策分析[J]. 低温建筑技术，2017(39)：161-165.

[35] 张田田. 黑龙江省农村地区垃圾处理现状及治理模式研究[J]. 经济研究导刊，2017(35)：33-34.

[36] 盛学梅，李丹. 沈阳市农村生活垃圾协同治理和资源化利用对策[J]. 第十六届沈阳科学学术年会论文集（经管社科），沈阳：[出版者不详]，2019.

[37] 苏畅. 宁乡县农村生活垃圾生态化处理模式研究[D]. 长沙：湖南农业大学，2014.

[38] 祁瑞瑞. 河南省农村生活垃圾治理问题研究[D]. 信阳：信阳师范学院，2019.

[39]　孙婷. 广西农村生活垃圾处理绩效评估与收运决策研究[D]. 南宁：广西大学，2017.

[40]　吕立才，余建斌. 乡村振兴背景下广东农村生活垃圾治理研究[J]. 南方农村，2018，34(219)：34-40.

[41]　黄蓓. 石家庄农村生活垃圾收运处置模式研究[D]. 石家庄：河北科技大学，2018.

[42]　张挺东，郝晶. 山西省农村生活垃圾治理模式研究[J]. 能源与节能，2015(2)：93-94.

[43]　曲海月. 浅谈内蒙古农村牧区的垃圾治理[J]. 内蒙古科技与经济，2017 (19)：16-17.

[44]　祝维伟. 源头分类 科学处理 探索农村生活垃圾治理新模式[J]. 新农村，2015 (8)：5-7.

[45]　于奇，贾小梅，吴娜伟. 农村生活垃圾治理 PPP 模式研究——以安徽省全椒县为例[J]. 环境与可持续发展，2018(5)：58-60.

[46]　李开明，蔡美芳. 农村生活垃圾处理与资源化管理[J]. 中国建筑工业出版社，北京，2014.

[47]　蒋满元，唐玉斌. 垃圾填埋的生态环境问题及治理途径[J]. 城市问题，2006(7)：76-80.

[48]　于锋，王淑君. 农村生活垃圾处理现状及对策研究[J]. 广东化工，2016(6)：136-138.

[49]　巫丽俊，王丹丹，钟树明，等. 农村生活垃圾常用处理技术及其发展趋势[J]. 安徽农业科学，2013，41(19)：8271-8272，8297.

[50]　管冬兴，楚英豪. 蚯蚓堆肥用于我国农村生活垃圾处理探讨[J]. 中国资源综合利用，2008，26(9)：28-30.

[51]　何晓晓，李耕宇，何丽，等. 浅谈我国农村生活垃圾的资源化利用[J]. 西安文理学院学报（自然科学版），2012，15(2)：102-105+110.

[52]　柴凯东. 城市生活垃圾处置技术方案优选的研究[D]. 杭州：浙江工业大学，2013.

[53]　岑超平，陈雄波，韩琪，等. 对农村生活垃圾小规模焚烧的思考[J]. 环境保护，2016(21)：42-44.

[54]　贾健鹏. 垃圾焚烧及烟气净化技术分析[J]. 电力环境保护，2002，18(1)：34-37.

[55]　杨华，薛东卫，赵运武，等. 浅论垃圾焚烧烟气处理技术[J]. 机械，2003，30(5)：4-6.

[56]　袁玲，施惠生. 焚烧灰中重金属溶出行为及水泥固化机理[J]. 建筑材料学报，2004，7(1)：76-80.

[57]　罗忠涛，肖宇领，杨久俊，等. 垃圾焚烧飞灰有毒重金属固化稳定技术研究综述[J]. 环境污染与防治，2012，34(8)：58-62，68.

[58]　季玉玄. 浅谈城市生活垃圾焚烧飞灰的处置与资源化利用[J]. 当代化工研究，2017：55-56.

[59]　Kosson D S，Van der Sloot H A，Eighmy T T. An approach for estimation of contaminant release during utilization and disposal of municipal waste combustion residues[J]. Journal of Hazardous Materials，1996，47(1-3)：43-75.

[60]　周旭，李军，周圣庆. 生活垃圾焚烧炉渣制砖工艺及案例分析[J]. 环境卫生工程，2016(2)：25-27.

[61]　宣颖，吴永婷，王玥. 安徽省农村生活垃圾处理行为研究[J]. 安徽农学通报，2019，25(11)：135-137.

[62]　纪忠义，王周超，王纯明，等. 辽宁农村环境卫生状况及影响因素分析[J]. 中国公共卫生，2014，30 (9) ：1212-1214.